T0222690

Beweise ohne Worte

Roger B. Nelsen

Beweise ohne Worte

Deutschsprachige Ausgabe
herausgegeben von Nicola Oswald

 Springer Spektrum

Roger B. Nelsen
Oregon, USA

Übersetzung aus Teilen der amerikanischen Ausgaben: 'Proofs Without Words' und 'Proofs Without Words II' der Originalausgaben von Roger B. Nelsen, erschienen bei © The Mathematical Association of America, 1993 und 2000.

ISBN 978-3-662-50330-0   ISBN 978-3-662-50331-7 (eBook)
DOI 10.1007/978-3-662-50331-7

Die Deutsche Nationalbibliothek verzeichnet diese Publikation in der Deutschen Nationalbibliografie; detaillierte bibliografische Daten sind im Internet über http://dnb.d-nb.de abrufbar.

Springer Spektrum
© Springer-Verlag Berlin Heidelberg 2016

Planung: Dr. Andreas Rüdinger

Gedruckt auf säurefreiem und chlorfrei gebleichtem Papier

Springer Spektrum ist Teil von Springer Nature
Die eingetragene Gesellschaft ist Springer-Verlag GmbH Berlin Heidelberg

Vorwort der Herausgeberin

Ein Bild sagt mehr als tausend Worte. Diese bekannte Redewendung unterstreicht, dass ein Großteil der von unserem Gehirn verarbeiteten Sinneseindrücke visueller Natur ist. Demzufolge werden viele Informationen unserer Umwelt bewusst oder unbewusst durch Bilder vermittelt. Dieses Phänomen findet auch Verwendung in der Darstellung von Mathematik. Spannend und faszinierend wird dies, wenn neben bildlichen Veranschaulichungen und erklärenden Diagrammen richtige Beweise durch Illustrationen unterstützt werden. Bereits alte Schriften enthalten solche *Bildbeweise*, nachstehend ein berühmtes, vereinfacht dargestelltes Beispiel aus dem Kontext eines Irrationalitätsbeweises der pythagoräischen Schule vor mehr als zweitausend Jahren:

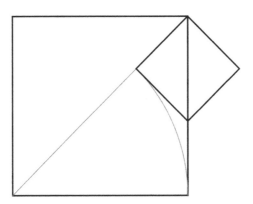

Mathematik setzt interessante Gedanken in Gang. Mit Fantasie und Ausdauer, Kreativität und ein wenig Erfahrung lassen sich manchmal vertrackte Problemstellungen lösen. Was steckt etwa hinter der obigen Konfiguration von Quadraten? Die Erläuterung zu der Grafik und deren mathematischen Hintergrund befindet sich nicht auf dieser Seite, sondern auf der übernächsten – die Leser_in mag das als Anlass nehmen, selbst an diesem Rätsel zu tüfteln und hieraus vielleicht einen ersten *Beweis ohne Worte* abzulesen!

Vergleichbare, aber oft einfacher zu erkennende, illustrierte Beweise füllen die Seiten dieses Buches; oft ist ihnen lediglich eine Formel beigefügt, nur selten ein erklärender Satz. Gerade die Reduktion auf Visuelles erlaubt unserem Geist, selbst eigene Schlüsse zu ziehen und Interessantes zu entdecken.

Nachdem in einigen amerikanischen Mathematikjournalen der *Mathematical Association of America* (MAA) über einen gewissen Zeitraum derartige illus-

trierte Beweise zusammengetragen wurden, veröffentlichte schließlich Roger B.
Nelsen eine erste Sammlung. Er hatte dabei die Intention, mit diesen intellek-
tuellen Leckerbissen nicht nur das Fachpublikum anzusprechen, sondern dar-
über hinaus mathematische Laien zu begeistern. Sein erfolgreiches Buch mit
dem wohl gewählten Titel *Proofs without Words – Exercises in Visual Thinking*
erschien 1993 und schon sieben Jahre später folgte ein zweiter Band, *Proofs Without Words II – More Exercises in Visual Thinking*, beide publiziert von der
MAA. Das vorliegende Buch stellt eine Auswahl der prägnantesten Beweisbil-
der der Nelsenschen Sammlungen vor. Im Anschluss an dieses Vorwort finden
sich frei übersetzte Auszüge aus den Einführungen, die Robert B. Nelsen seinen
zwei Bänden vorangestellt hat, die deren Entstehungsgeschichte beleuchten und
einen lesenswerten Einblick in das Wesen bildlicher Beweise geben.

   Nicht unerwähnt bleiben sollte an dieser Stelle, dass solche *Beweise ohne Worte* (wie wir sie fortan nennen wollen) keinen Ersatz für herkömmliche (schriftliche) Beweise liefern wollen – weder in Hinsicht auf Rigorosität noch mit Blick
auf deren Einsetzbarkeit. Dem Mathematiker George Pólya wird im ähnlichen
Kontext das Bonmot, *Geometrie sei die Wissenschaft des korrekten Beweisens
an inkorrekten Bildern* zugeschrieben.[1] Die Illustrationen dieses Bandes liefern
selten eine allgemeingültige Beweismethode, auch bieten sich bildliche Beweise
nicht für jede mathematische Aussage an. Oft genug aber liefern Beweise ohne
Worte Anregungen für rigorose schriftliche Beweise. Ein interessanter Gedanke
dabei ist, dass natürlich auch die Buchstaben unseres Alphabetes letztlich nichts
anderes als Verbildlichungen sind. Sie sind wesentlich abstrakter als die von uns
als extrem komplex wahrgenommenen chinesischen Schriftzeichen, obgleich diese nicht selten auf konkrete Symbole aus Natur und Alltag zurückzuführen sind.
Der große David Hilbert äußerte hierzu in seiner berühmten Rede auf dem Internationalen Mathematik-Kongress 1900 in Paris sogar:[2]

> „Die arithmetischen Zeichen sind geschriebene Figuren und die geo-
> metrischen Figuren sind gezeichnete Formeln, und kein Mathemati-
> ker könnte diese gezeichneten Formeln entbehren, so wenig wie ihm
> beim Rechnen etwa das Formi[e]ren und Auflösen der Klammern
> oder die Verwendung anderer analytischer Zeichen entbehrlich sind.
> Die Anwendung der geometrischen Zeichen als strenges Beweismit-
> tel setzt die genaue Kenntni[s] und völlige Beherrschung der Axiome
> voraus, die jenen Figuren zu Grunde liegen [...] “

---

[1] Im Original: "Geometry is the science of correct reasoning on incorrect figures." Siehe
How to solve it?, 1945, Seite 75.

[2] *Mathematische Probleme.* Vortrag, gehalten auf dem internationalen Mathematiker-
Congress zu Paris 1900, *Gött. Nachr.* 1900, 253-297.

Wenn man das Lesen eines Textes entsprechend seiner Zeilen als einen eindimensionalen Prozess auffassen mag, so ist das Betrachten und Verstehen eines zweidimensionalen Bildes, geschweige denn einer dreidimensionalen Skulptur, wesentlich komplexer und somit den Geist fordernder. Insofern nimmt uns ein Beweis ohne Worte nicht das Denken ab und unter den einhundertfünfzig Bildern in diesem Buch finden sich vermutlich etliche Beweise, die sich die Leser_in erst noch zu erschließen hat. Stift und Papier werden bei den etwas vertrackteren Bildbeweisen neben Fantasie und Kreativität nützliche technische Hilfsmittel sein.

Beweise ohne Worte sind sehr vielfältig in Form und Intention. So liest man das Beispiel von Steven L. Snover auf dem Cover dieses Buches bzw. den kompletten illustrierten Beweis auf Seite 22 wie einen Comic, der mit seiner Bildfolge zu einem Beispiel einen überraschenden geometrischen Sachverhalt aufzeichnet, während das zu Beginn des Vorworts angeführte Bild den Bauplan für einen möglichen Irrationalitätsbeweis von $\sqrt{2}$ liefert, die einzelnen Schritte der geometrischen Konstruktion aber erst noch entdeckt werden müssen. Wir geben nun die Auflösung: Bezeichnen wir die Kantenlänge des großen Quadrates mit b, dann ist nach Pythagoras $a = \sqrt{2}b$ die Länge der Diagonalen. Der Schnittpunkt des Kreises vom Radius b mit der Diagonalen definiert eine Strecke der Länge $a - b$, auf der wir ein Quadrat errichten; zwei Ecken des neuen Quadrates liegen dann auf einer Kante des alten Quadrates und $2b - a$ ist die Länge der Diagonalen des neuen Quadrates. Daraus ergibt sich für die jeweiligen Proportionen von Diagonale und Kante in den beiden Quadraten

$$\sqrt{2} = \frac{a}{b} = \frac{2b - a}{a - b}.$$

Wir nehmen nun an, dass a und b natürliche Zahlen, wobei b minimal sei. Aus der Ungleichung $a - b < b$ für die Kantenlängen der Quadrate folgt der gewünschte Widerspruch.

Dieser Beweis weicht ab von dem üblicherweise im Schulunterricht vorgeführten, auf Primfaktorzerlegung basierenden Argument. Tatsächlich ist das ein Charakteristikum einiger bildlicher Beweise in diesem Buch. So gibt es eine Vielzahl von Beweisen des Satzes von Pythagoras zu entdecken, aber auch im Zusammenhang mit figurierten Zahlen sind einige interessante Varianten zu finden. Es sei bemerkt, dass die Nummerierung verwandter Beweise ohne Worte zu ein und demselben mathematischen Sachverhalt Nelsens Büchern entnommen ist und von ihm in den nachfolgenden einführenden Worten erläutert wird.

Die Inhalte der bildlichen Beweise erstaunen. Neben den zu erwartenden Beispielen aus Geometrie und Kombinatorik finden sich regelrecht überraschende zu zahlentheoretischen, algebraischen und sogar analytischen Sachverhalten.

Die Sammlungen *Proofs Without Words* I & II von Nelsen sind attraktiv. So gibt es bereits Übersetzungen ins Japanische und Französische. Das vorliegende Buch in deutscher Sprache erleichtert nun den Zugriff auf diese tollen Visualisierungsideen. Wir teilen die Sichtweise von Roger B. Nelsen, die er in seiner nachstehenden Einführung andeutet, dass nämlich *Beweise ohne Worte* sich gewinnbringend in den mathematischen Unterricht an Schulen und Hochschulen integrieren lassen. Mit diesem Standpunkt sind wir in bester Gesellschaft, stammen doch einige der Bildbeweise in dieser Sammlung von recht bekannten Mathematiker_innen (z.B. Richard Courant auf Seite 171). Tatsächlich ist Nelsens erste Sammlung *Proofs Without Words* der erste Band der Reihe *Classroom Resource Materials*, den die MAA seinerzeit ins Leben gerufen hat und welche ganz hervorragende Materialien zu Mathematik und ihrer Didaktik für den englischsprachigen Raum bereitstellt. In dieser Reihe ist eine dritte Nelsensche Sammlung im Erscheinen begriffen, und die äußerst empfehlenswerte Homepage der MAA (www.maa.org) stellt weiteres Material zur Verfügung. In deutscher Sprache werden im Rahmen des Buches *Perlen der Mathematik* von Roger B. Nelsen und Claudi Alsina einige Beweise ohne Worte im Detail diskutiert. Diese insbesondere für die Didaktik hilfreichen Erläuterungen komplementieren die vorliegende Sammlung, welche dem gegenüber mit ihrer Schlichtheit die Leser_in explizit auffordert, selbst zu schauen, zu denken und schließlich zu beweisen. In einem Glossar liefern wir kurze Erläuterungen einiger Begriffe, die in einigen Illustrationen thematisiert werden und vielleicht nicht allen Leser_innen bekannt sind; für nicht aufgeführte unbekannte Objekte hilft ein Blick in die Fachliteratur.

Dieses Buch kann als ein Plädoyer verstanden werden, alternative und insbesondere visuelle Beweise für mathematische Sachverhalte zu erdenken! Die Betonung des Visuellen, da wo sie möglich ist, bringt oftmals einen Wechsel der Perspektive mit sich. Bei den bildlichen Beweisen ist Perspektive im wahrsten Sinne des Wortes zu verstehen. Viel Spaß mit diesem Bilderbuch!

Nicola Oswald, Wuppertal, April 2016

Danksagung. Ich möchte mich herzlich bei Daniel, Wolfgang und Jörn für ihre Unterstützung und hilfreichen Hinweise bedanken. Für die Idee und die technische Umsetzung dieses Buches gebührt mein Dank Dr. Andreas Rüdinger und dem Springer-Verlag.

Inhaltsverzeichnis

Einführende Worte des Autors

frei übersetzt aus R.B. Nelsens Einführungen zu „Proofs Without Words", Bände I & II (MAA, 1993 & 2000)

Beweise sind nicht wirklich da, Dich zu überzeugen, dass etwas wahr ist — sie sind da, um zu zeigen, warum etwas wahr ist. Andrew Gleason

Ein guter Beweis ist einer, der uns weiser macht. Yuri I. Manin

Es gibt viel Forschung um neue Beweise von Theoremen, welche bereits korrekt etabliert sind, weil die existierenden Beweise keinen ästhetischen Reiz besitzen. Es gibt bloß überzeugende mathematische Demonstrationen; um ein Wort des berühmten mathematischen Physikers Lord Rayleigh zu benutzen, sie „befehlen Zustimmung." Es gibt andere Beweise, „die werben und den Intellekt bezaubern. Sie beschwören unser Entzücken und einen überwältigenden Wunsch, Amen, Amen zu sagen." Ein elegant ausgeführter Beweis ist bis auf die Form, in der er geschrieben ist, ein Gedicht. Morris Kline

Was sind „Beweise ohne Worte"? Wie Sie dieser Sammlung entnehmen können, hat diese Frage keine einfache präzise Antwort. Im Allgemeinen sind Beweise ohne Worte (BoWs) Bilder oder Diagramme, welche beim Lesen helfen zu verstehen, *warum* eine gewisse mathematische Aussage wahr sein mag und *wie* man versuchen könnte, diese zu beweisen. Bei einigen treten ein oder zwei Gleichungen auf, die bei diesem Prozess die beobachtende Person führen mögen. Aber die Betonung liegt sicherlich in der Bereitstellung visueller Anhaltspunkte zur Stimulierung der mathematischen Gedanken im Zuge des Betrachtens.

Beweise ohne Worte sind regelmäßig auftretende Bestandteile in den von der *Mathematical Association of America* publizierten Journalen. BoWs erschienen zuerst im *Mathematics Magazine* um 1975 und ca. zehn Jahre später im *The College Mathematics*. 1976 ermutigten J. Arthur Seebach und Lynn Arthur Steen als Anmerkung der Herausgeber in der Januar-Ausgabe des *Magazine* weitere derartige Einreichungen. Obwohl ursprünglich als *Lückenfüller* angesehen, fragten die Herausgeber zudem „was für diesen Zweck besser geeignet sein könne als eine ansprechende Illustration eines wichtigen mathematischen Sachverhaltes?" Einige Jahre zuvor diskutierte Martin Gardner in seiner beliebten Kolumne „Mathematical Games" in der Ausgabe des *Scientific American* vom Oktober 1973 bereits BoWs als „look-see"-Diagramme. Im Englischen steht „to see" oftmals für „to understand".[3] Gardner stellte fest, dass

> „in vielen Fällen ein langweiliger Beweis durch ein einfaches und hübsches geometrisches Analogon ergänzt werden kann, dass sich die Wahrheit des Satzes nahezu auf den ersten Blick erschließt."

Aber Beweise ohne Worte sind keine neuen Innovationen – sie existieren seit sehr langer Zeit. In diesem Band befinden sich moderne Interpretationen von BoWs aus dem alten China, der arabischen Welt des zehnten Jahrhunderts, und Italien zur Zeit der Renaissance. Beweise ohne Worte erscheinen mittlerweile auch in Zeitschriften herausgegeben von anderen Organisation in den U.S.A. und der übrigen Welt sowie dem World Wide Web.

Natürlich sind BoWs nicht wirklich „Beweise" (auch sind sie oft nicht „ohne Worte", wenn manchmal eine Gleichung zur Erläuterung einem BoW hinzugefügt ist). In seinem Buch *Philosophie der Mathematik: Eine Einführung in die Welt der Beweise und Bilder* (Routledge, London, 1999) schreibt James Robert Brown:

> „Wir Mathematiktreibende schätzen clevere Ideen; insbesondere finden sie ein Vergnügen in geistreichen Bildern. Aber diese Würdigung beseitigt nicht eine vorherrschende Skepsis. Letztlich ist ein Diagramm bestenfalls ein Spezialfall und kann somit kein allgemeingültiges Theorem begründen. Schlimmer noch, es kann sogar glatt in die Irre führen. Obgleich nicht allgemein verbreitet, so ist die vorherrschende Einstellung, dass Bilder wirklich nicht mehr als heuristische Hilfen sind; sie sind psychologisch suggestiv und pädagogisch wertvoll – aber sie *beweisen* nichts. Ich möchte diesem Blick widersprechen und die These aufstellen, dass Bilder eine legitime Rolle als Nachweis und Rechtfertigung spielen – eine Rolle deutlich jenseits einer Heuristik. Kurz gesagt: Bilder können Theoreme beweisen."

In meiner Einführung zur ersten Sammlung von BoWs hatte ich vorgeschlagen, dass Lehrende die BoWs mit ihren Studierenden teilen mögen. Mehrere Leserinnen und Leser haben meinem Aufruf geantwortet und um Information gebeten, in welcher Art und Weise BoWs im Klassenzimmer benutzt werden könnten. Die Antworten kommentierten den Gebrauch von BoWs in Kursen aller Niveaus – Vorbereitungskurse zur Analysis an Hochschulen, Hochschulkurse in

---

[3]Im Deutschen benutzt man auch oft *sehen* synonym für *verstehen*. (Anmerkung der Herausgeberin)

Analysis, Zahlentheorie und Kombinatorik. BoWs werden anscheinend regelmäßig als Zusatz oder Ergänzung zu Lehrbuchbeweisen benutzt, wie beispielsweise für den Satz des Pythagoras oder Formeln für die Summen von ganzen Zahlen, Quadraten oder Kuben. Andere Nutzungsformen variieren von regelmäßigen Arbeitsanweisungen, Zusatzaufgaben, Referaten von Studierenden sowie sogar Semesterarbeiten und -projekten.

Ich sollte bemerken, dass diese Sammlung nicht vollständig ist. Sie enthält weder sämtliche BoWs, die seit der Erscheinung der ersten Sammlung 1993 im Druck erschienen sind, noch all jene, welche ich beim Erstellen des ersten Buches übersehen habe. Wie man den Journalen der Association [MAA] entnehmen kann, erscheinen neue BoWs regelmäßig, und sie tauchen nun auch im World Wide Web auf in Formaten, die Gedrucktem überlegen sind und Bewegung und Interaktion der betrachtenden Person zulassen.

Ich hoffe, dass die Leserinnen und Leser dieser Sammlung Freude bei der Entdeckung oder Wiederentdeckung einiger eleganter visueller Demonstrationen mathematischer Ideen empfinden werden, dass Lehrende viele dieser mit ihren Studierenden teilen mögen, und dass Stimulierung und Unterstützung gegeben wird, neue *Beweise ohne Worte* zu kreieren.

Danksagung. Mein Dank gebührt Andy Sterrett und den Mitgliedern des Herausgebergremiums des *Classroom Resource Materials* für ihr sorgfältiges Lesen eines frühen Entwurfes des ersten Bandes und für ihre vielen hilfreichen Vorschläge. Ich möchte mich ferner bedanken bei Elaine Pedreira, Beverly Ruedi und Don Albers von der MAA für ihre Unterstützung, Expertise und harte Arbeit beim Publizieren des zweiten Bandes. Ich möchte meine Wertschätzung und Dankbarkeit den vielen Menschen zum Ausdruck bringen, die bei der Publikation dieser Sammlung eine Rolle spielten: Gerald Alexanderson und Martha Siegel, die als Herausgeber des *Mathematics Magazine* über Jahre hinweg, als ich lernte BoWs zu lesen und zu schreiben, Unterstützung gewährt haben; Doris Schattschneider, Eugene Klotz und Richard Guy für das Teilen ihrer Sammlungen von BoWs und schließlich all den Individuen, die BoWs der mathematischen Literatur beigefügt haben, ohne die diese Sammlung einfach nicht existieren würde.

Roger B. Nelsen
Lewis and Clark College
Portland, Orgeon

Bemerkungen:

1. Die Illustrationen in dieser Sammlung wurden seinerzeit neu erstellt, um eine gleichmäßige Darstellung zu erzielen. Bei einigen wenigen wurden die Titel verändert sowie der Klarheit Willen Schattierung oder Symbole hinzugefügt (oder entfernt). Alle daraus resultierenden Fehler sind voll und ganz in meiner Verantwortung.

2. Römische Zahlen werden in den Titeln einiger BoWs benutzt, um verschiedene BoWs zum selben Satz zu unterscheiden – und deren Nummerierung setzt die von *Proofs Without Words* fort. Weil es sechs BoWs zum Satz des Pythagoras in *Proofs Without Words* gibt, trägt der erste in *Proofs Without Words II* den Titel „Der Satz des Pythagoras VII".

3. Einige der BoWs in dieser Sammlung sind in der Form von „Lösungen" zu Problemen mathematischer Wettbewerbe dargestellt wie etwa die Kanadische Mathematik-Olympiade. Es ist recht zweifelhaft, ob solche „Lösungen" in diesen Wettbewerben viele Punkte geliefert hätten, zumal Teilnehmer beraten sind, „sämtliche notwendigen Schritte eines Beweises klar darzulegen haben, um die volle Punktzahl zu erzielen."

4. Die drei Zitate zu Beginn dieser Einführung stammen von *Out of the Mouths of Mathematicians* von Rosemary Schmalz (Mathematical Association of America, Washington, 1993), Seiten 75, 62 und 135-136.

Glossar

Hier erklären wir einige Begriffe und Symbole, welche vielleicht nicht geläufig sind. Wir haben uns bemüht, sie in der Reihenfolge ihres Auftretens aufzulisten:

Der Goldene Schnitt ist die Zahl $\frac{1}{2}(\sqrt{5}+1)$ und wird oftmals mit τ bezeichnet. Es besteht damit die Gleichung $\tau^2 = \tau + 1$.

Das Symbol $\therefore$ steht in einer Argumentationskette abkürzend für *demzufolge* oder ähnliches.

„Perimeter" entstammt dem Griechischen und ist im mathematischen Kontext kein augenärztliches Instrument zur Gesichtsfeldbestimmung, sondern bezeichnet den Umfang einer geometrischen Figur; „area" ist Englisch und bedeutet *Fläche*.

Komplexe Zahlen werden in der Gaußschen Zahlenebene üblicherweise in der Form $z = x + iy$ mit reellen x und y sowie $i = \sqrt{-1}$ dargestellt. Im Falle $z \neq 0$ lassen sich diese auch in Polarkoordinaten als

$$z = re^{i\phi} \qquad \text{mit} \quad 0 < r = \sqrt{x^2 + y^2}$$

und einem Winkel $\phi \in [0, 2\pi)$ schreiben. Dabei gilt $e^{i\phi} = \cos\phi + i\sin\phi$.

Der Cosecans ist die für $x \in (0, \pi)$ durch $\csc(x) = 1/\sin(x)$ definierte trigonometrische Funktion (manchmal auch abgekürzt als cosec).

Matrizen sind rechteckige Schemen, die man additiv und ggf. multiplikativ miteinander verknüpfen kann. A^T steht für die transponierte Matrix, die aus der Matrix A durch Austausch der Zeilen und Spalten entsteht. Ferner bezeichnet $\det A$ die Determinante einer quadratischen Matrix A. Im Spezialfall einer 2×2-Matrix gilt

$$\det \begin{pmatrix} a & b \\ c & d \end{pmatrix} = \begin{vmatrix} a & b \\ c & d \end{vmatrix} = ad - bc.$$

Die Notation $a \equiv b \bmod m$ bedeutet, dass die ganzen Zahlen a und b denselben minimalen nichtnegativen Rest bei Division durch m besitzen, was gleichbedeutend damit ist, dass deren Differenz $a - b$ ein Vielfaches von m ist.

Die Fibonacci-Zahlen F_n sind rekursiv definiert durch $F_{n+1} = F_n + F_{n-1}$ mit den Startwerten $F_1 = F_2 = 1$.

Unter einem pythagoräischen Tripel versteht man ein Tripel natürlicher Zahlen x, y, z, so dass die Gleichung $x^2 + y^2 = z^2$ erfüllt ist (z.B. $3^2 + 4^2 = 5^2$).

Eine natürliche Zahl heißt perfekt (bzw. vollkommen), wenn sie gleich der Summe ihrer echten Teiler ist (wie etwa $6 = 1 + 2 + 3$).

Die Summe der ersten n natürlichen Zahlen nennt man die n-te Dreieckzahl und schreibt hierfür kurz t_n bzw. $T_n = 1 + 2 + \ldots + n$ (was gleich $\frac{1}{2}n(n+1)$ ist). Der Bezug zur Geometrie ergibt sich durch Visualisieren derselben durch übereinandergelagerte Kreise: ein Kreis in der ersten Reihe, zwei Kreise in der zweiten Reihe unter dem ersten, usw. bis schließlich n Kreise in der n-ten Reihe, wobei drei benachbarte Kreise in zwei aufeinanderfolgenden Reihen ein gleichseitiges Dreieck bilden:

$$1 + 2 + 3 = 6$$

Eine Rechteckzahl ist eine Zahl, welche als Produkt zweier aufeinanderfolgender natürlicher Zahlen dargestellt werden kann (Quadratzahlen verallgemeinernd). Noch allgemeiner lassen sich Pentagonal- bzw. Fünfeckzahlen, Hexagonal- bzw. Sechseckzahlen, also allgemein n-Eckzahlen definieren. Besser als jede formale Definition ist ein Blick auf den wortlosen Beweis auf Seite 119 und die nachfolgenden Seiten; eine explizite Formel für die k-te n-Eckzahl stellt Seite 123 bereit. Es sei auf den feinen Unterschied zwischen den Hexagonalzahlen $H_n = 2n^2 - n$ auf Seite 120 und $h_n = 3n^2 - 3n + 1$ auf Seite 121 hingewiesen.

An anderer Stelle sind die harmonischen Zahlen H_k definiert als die Partialsummen
$$1 + \frac{1}{2} + \frac{1}{3} + \ldots + \frac{1}{k}$$
der harmonischen Reihe. Der natürliche Logarithmus zur Basis $e = \exp(1) = 2{,}718\ldots$ (siehe Seite 178) wird mit ln bezeichnet.

Manchmal sind den Beweisbildern die Jahreszahlen ihrer Geburtsstunde oder Lebensdaten ihrer Entdecker in Klammern hinzugefügt; meistens steht in der Fußzeile der Name des Autors oder der Autorin aufgeführt (falls bekannt). Und die Abkürzung RBN ist gebildet aus den Initialen des Autors Roger B. Nelsen.

Einige wenige Beweise ohne Worte sind ohne mathematisches Vorwissen nicht begreifbar. Für diesbezügliche Hilfestellung, tiefgründige Ausführungen oder weitere Begrifflichkeiten sei auf die Fachliteratur verwiesen.

I Geometrisches

1 Der Satz des Pythagoras und seine Verwandten

Der Satz des Pythagoras I

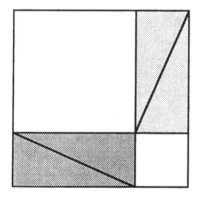 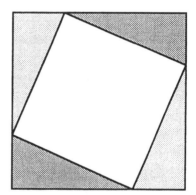

– adaptiert aus *Zhoubi Suanjing* (unbekannter Autor, ca. 200 v.u.Z.)

Der Satz des Pythagoras III

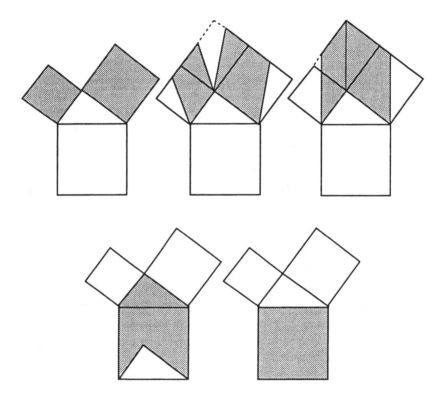

– Euklids Beweis nachempfunden

Der Satz des Pythagoras V

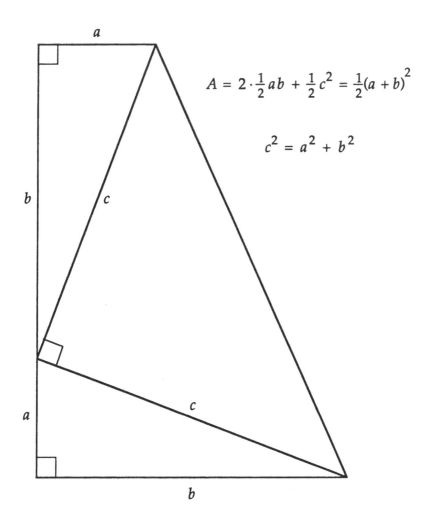

$$A = 2 \cdot \frac{1}{2}ab + \frac{1}{2}c^2 = \frac{1}{2}(a + b)^2$$

$$c^2 = a^2 + b^2$$

– James A. Garfield (1876), 20. Präsident der Vereinigten Staaten

Der Satz des Pythagoras VII

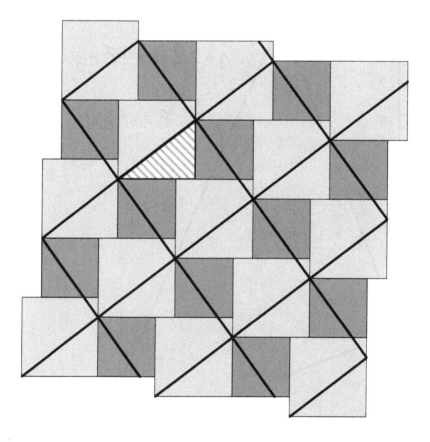

– an-Nairizi von Arabien (circa 900)

Der Satz des Pythagoras IX

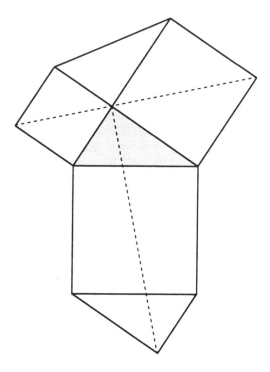

– Leonardo da Vinci (1452–1519)

Eine Verallgemeinerung des Pythagoras

Die Summe der Flächen zweier Quadrate, deren Seiten die Länge der zwei Diagonalen eines Parallelogramms besitzen, ist gleich der Summe der Flächen der vier Quadrate, deren Kanten dessen vier Seiten bilden.

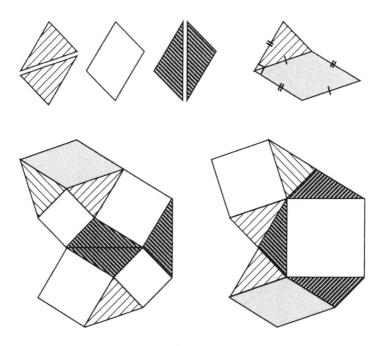

Folgerung: Der Satz des Pythagoras (wenn das Parallelogramm ein Rechteck ist).

– David S. Wise

Ein pythagoräischer Satz: $aa' = bb' + cc'$

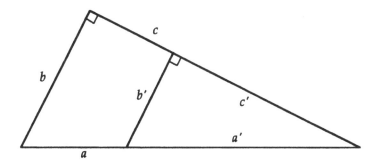

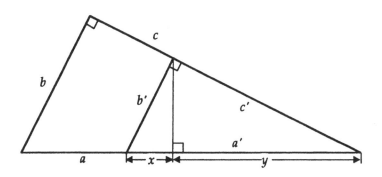

$$\frac{x}{b} = \frac{b'}{a} \implies a \cdot x = b \cdot b';$$

$$\frac{y}{c} = \frac{c'}{a} \implies a \cdot y = c \cdot c';$$

$$\therefore \ a \cdot a' = a \cdot (x + y) = b \cdot b' + c \cdot c'.$$

– Enzo R. Gentile

Eine rechtwinklige Dreiecksungleichung

(Problem 3 der Kanadischen Mathematik-Olympiade 1969)

Es sei c die Länge der Hypotenuse eines rechtwinkligen Dreiecks, dessen Katheten die Längen a und b haben. Man beweise

$$a + b \leq c\sqrt{2}.$$

Wann besteht Gleichheit?

Lösung:

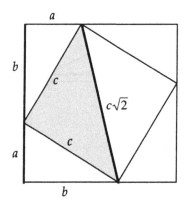

$$a + b \leq c\sqrt{2}$$

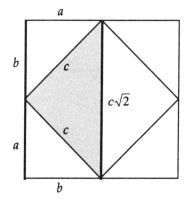

$$a + b = c\sqrt{2} \Leftrightarrow a = b$$

Fläche eines rechtwinkligen Dreiecks und der Höhensatz

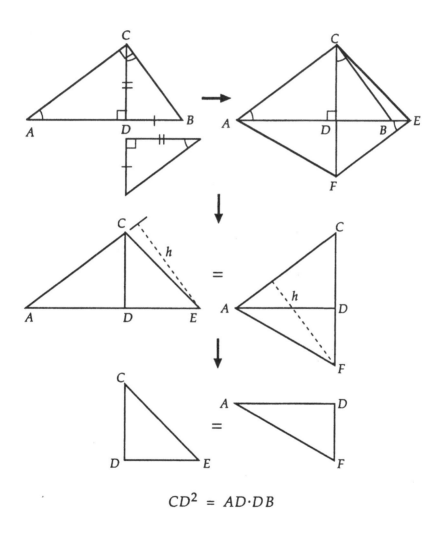

$$CD^2 = AD \cdot DB$$

– Sidney H. Kung

Ein Problem zum Goldenen Schnitt aus dem „Monthly"

(Problem E3007, *American Mathematical Monthly*, 1983, Seite 482)

Es seien A und B die Mittelpunkte der Seiten EF und ED eines gleichseitigen Dreiecks DEF. Man verlängere die Strecke AB so, dass sie den Umkreis (von DEF) in C schneidet. Man beweise, dass B die Strecke AC im goldenen Schnitt τ teilt.

Lösung:

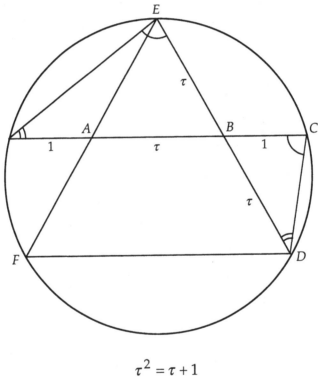

$$\tau^2 = \tau + 1$$

– Jan van de Craats

Das Dreieck der Seitenhalbierenden besitzt drei Viertel der Fläche des Ausgangsdreiecks

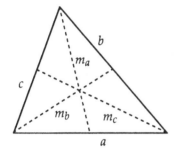 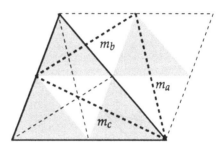

$$\text{area}\left(\Delta m_a m_b m_c\right) = \frac{3}{4}\,\text{area}(\Delta abc)$$

– Norbert Hungerbühler

Vier Dreiecke gleicher Fläche

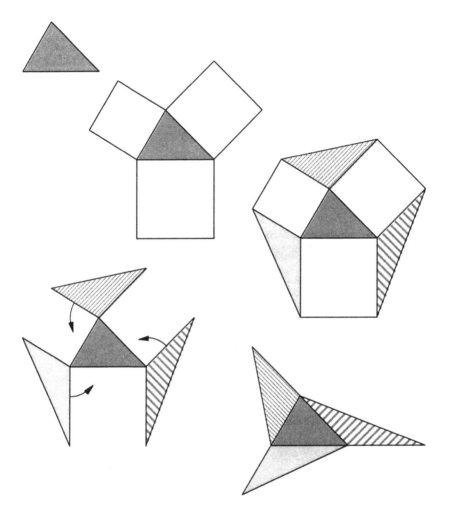

– Steven L. Snover

Siebtelung eines Dreiecks

Werden die jeweiligen Punkte, welche die Seiten eines Dreiecks in einem Drittel teilen (wie im Bild unten), mit den gegenüberliegenden Ecken verbunden, so besitzt das resultierende zentrale Dreieck ein Siebtel der Fläche des Ausgangsdreiecks.

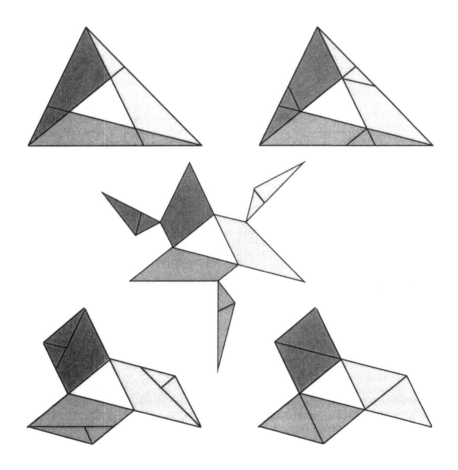

– William Johnson und Joe Kennedy

2 Kreise und weitere geometrische Figuren

Ein Satz des Hippokrates von Chios (circa 440 v.u.Z.)

Die Summe der Flächen der Monde zu den Katheten eines gegebenen rechtwinkligen Dreiecks ist gleich der Fläche des Dreiecks.

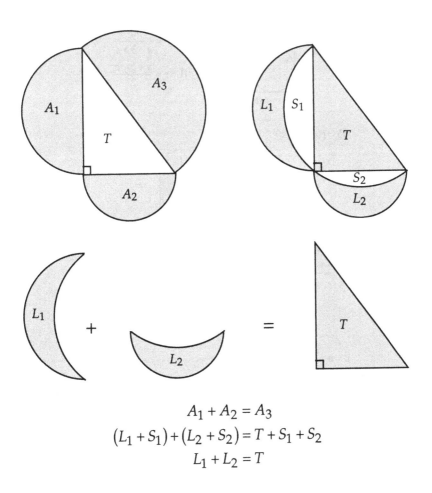

$$A_1 + A_2 = A_3$$
$$(L_1 + S_1) + (L_2 + S_2) = T + S_1 + S_2$$
$$L_1 + L_2 = T$$

– Eugene A. Margerum und Michael M. McDonnell

Der Inkreisradius eines rechtwinkligen Dreiecks

Der Inkreisradius eines rechtwinkligen Dreiecks besitzt zwei im Wesentlichen verschiedene Darstellungen in Abhängigkeit von den Seitenlängen, welche sich aus der oberen Bildergruppe (nach Liu Hui) bzw. dem unteren Teilbild ablesen lassen.

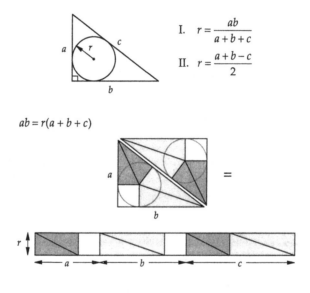

I. $\quad r = \dfrac{ab}{a+b+c}$

II. $\quad r = \dfrac{a+b-c}{2}$

$$ab = r(a + b + c)$$

$$c = a + b - 2r$$

– Liu Hui (3. Jhd.)

Das Produkt von Umfang und Inkreisradius eines Dreiecks ist gleich dem Doppelten der Fläche des Dreiecks

In dem oberen Beweis ohne Worte von (Grace Lin) sind Gebiete mit derselben Nummer flächengleich; in dem unteren bildlichen Beweis wird diese Idee aufgegriffen:

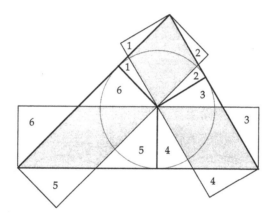

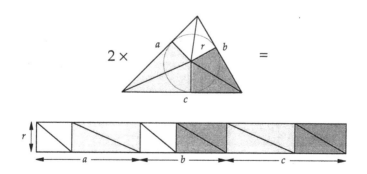

– Grace Lin

Drittelung eines Liniensegments

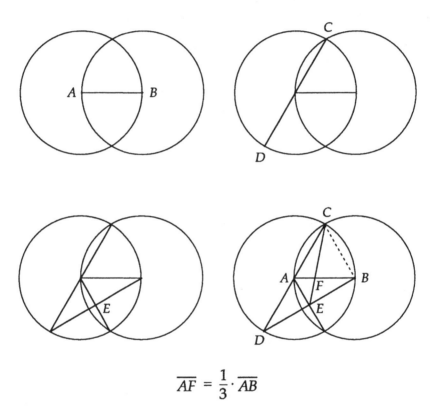

$$\overline{AF} = \frac{1}{3} \cdot \overline{AB}$$

– Scott Coble

Der Drei-Kreise-Satz

Zu drei gegebenen, sich nicht schneidenden oder überlappenden Kreisen verbinde man die Schnittpunkte der gemeinsamen internen Tangenten eines jeden Paares von Kreisen mit dem Mittelpunkt des dritten Kreises (wie im Bild). Dann schneiden sich die drei resultierenden Geraden in einem Punkt.

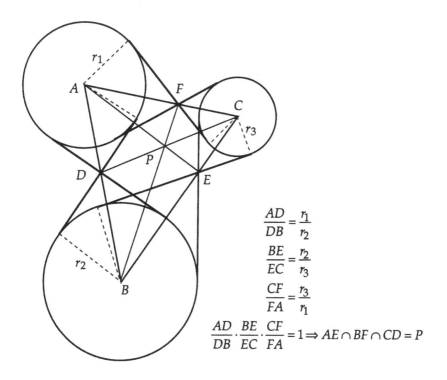

$$\frac{AD}{DB} = \frac{r_1}{r_2}$$

$$\frac{BE}{EC} = \frac{r_2}{r_3}$$

$$\frac{CF}{FA} = \frac{r_3}{r_1}$$

$$\frac{AD}{DB} \cdot \frac{BE}{EC} \cdot \frac{CF}{FA} = 1 \Rightarrow AE \cap BF \cap CD = P$$

(nach dem Satz von Ceva)

– R.S. Hu

Die Spiegelungseigenschaft der Parabel

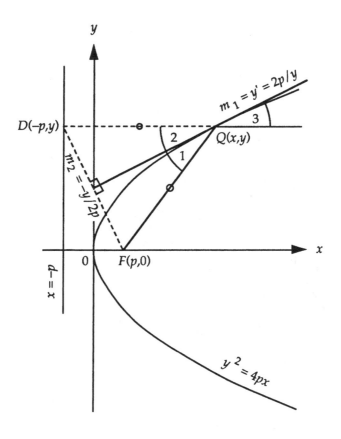

$$QF = QD \quad \& \quad m_1 \cdot m_2 = -1 \quad \Rightarrow \quad \angle 1 = \angle 2 = \angle 3$$

– Ayoub B. Ayoub

Der Brennpunkt und die Leitgerade einer Ellipse

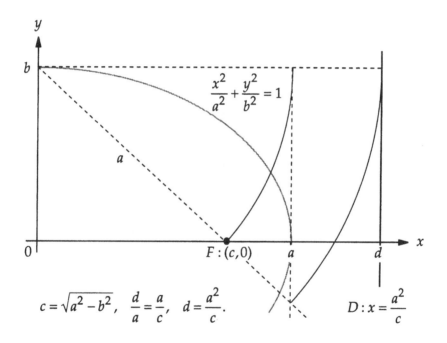

$$c = \sqrt{a^2 - b^2}, \quad \frac{d}{a} = \frac{a}{c}, \quad d = \frac{a^2}{c}.$$

– Michel Bataille

Die Eckenwinkel eines Sterns summieren sich zu $180°$

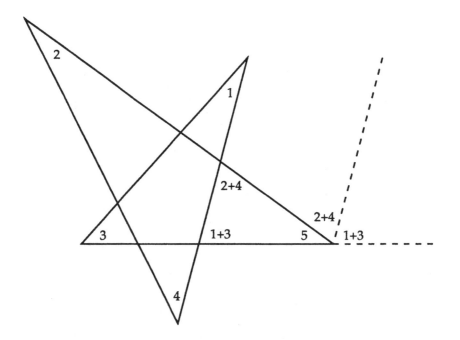

– Fouad Nakhli

3 Aus der Trigonometrie

Additionstheorem für den Sinus

$$\sin(x+y) = \sin x \cos y + \cos x \sin y \quad \text{for } x + y < \pi$$

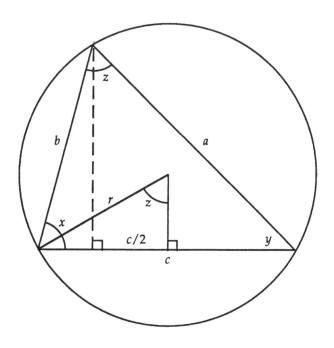

$$c = a \cos y + b \cos x$$
$$r = 1/2 \Rightarrow \sin z = (c/2)/(1/2) = c, \ \sin x = a, \ \sin y = b;$$
$$\sin(x+y) = \sin(\pi - (x+y)) = \sin z = \sin x \cos y + \sin y \cos x$$

– Sidney H. Kung

Additionstheorem für den Sinus III

$$\sin(\alpha + \beta) = \sin\alpha\cos\beta + \sin\beta\cos\alpha$$

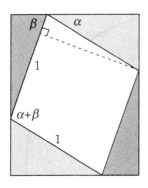
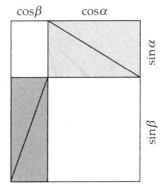

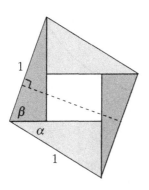
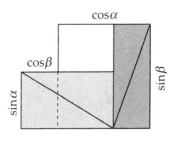

– Volker Priebe und Edgar A. Ramos

Fläche und der Sinus (Cosinus) einer Differenz

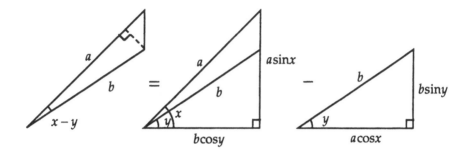

$$\sin(x - y) = \sin x \cos y - \cos x \sin y$$

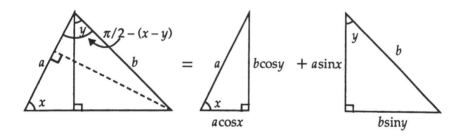

$$\cos(x - y) = \cos x \cos y + \sin x \sin y$$

– Sidney H. Kung

Das Cosinus-Gesetz I

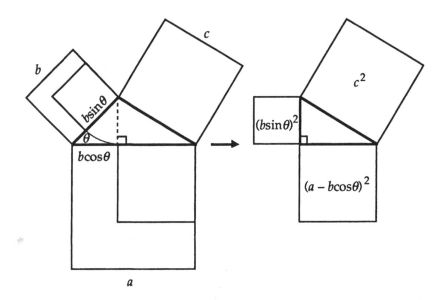

$$c^2 = (b \sin \theta)^2 + (a - b \cos \theta)^2$$
$$= a^2 + b^2 - 2ab \cos \theta$$

– Timothy A. Sipka

Das Cosinus-Gesetz II

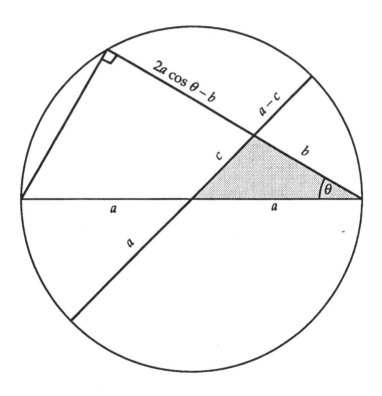

$$(2a \cos \theta - b)b = (a - c)(a + c)$$
$$c^2 = a^2 + b^2 - 2ab \cos \theta$$

– Sidney H. Kung

Die Summe von Arcustangens-Werten

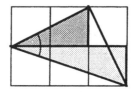

$$\arctan \frac{1}{2} + \arctan \frac{1}{3} = \frac{\pi}{4}$$

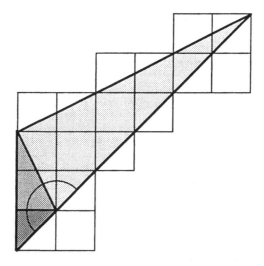

$$\arctan 1 + \arctan 2 + \arctan 3 = \pi$$

- Edward M. Harris

Ein komplexer Zugang zum Sinus- und Cosinus-Gesetz

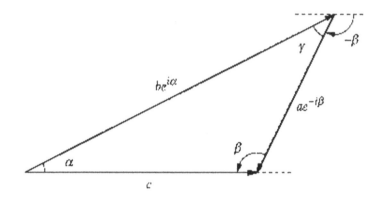

$$c = be^{i\alpha} + ae^{-i\beta} = (b\cos\alpha + a\cos\beta) + i(b\sin\alpha - a\sin\beta)$$

$$c \text{ reell} \ \Rightarrow \ b\sin\alpha - a\sin\beta = 0 \ \Rightarrow \ \frac{a}{\sin\alpha} = \frac{b}{\sin\beta}$$

$$\begin{aligned}
c^2 \ = \ |c|^2 &= (b\cos\alpha + a\cos\beta)^2 + (b\sin\alpha - a\sin\beta)^2 \\
&= a^2 + b^2 + 2ab\cos(\alpha + \beta) \\
&= a^2 + b^2 - 2ab\cos\gamma
\end{aligned}$$

– William V. Grounds

Eine Figur – sechs Identitäten

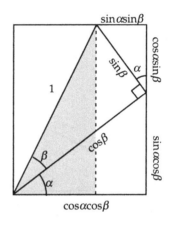

$$\sin(\alpha + \beta) = \sin\alpha\cos\beta + \cos\alpha\sin\beta$$
$$\cos(\alpha + \beta) = \cos\alpha\cos\beta - \sin\alpha\sin\beta$$

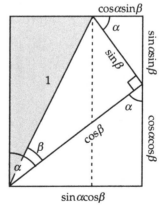

$$\sin(\alpha - \beta) = \sin\alpha\cos\beta - \cos\alpha\sin\beta$$
$$\cos(\alpha - \beta) = \cos\alpha\cos\beta + \sin\alpha\sin\beta$$

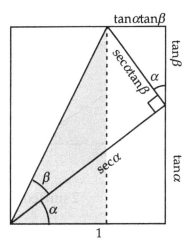

$$\tan(\alpha + \beta) = \frac{\tan\alpha + \tan\beta}{1 - \tan\alpha\tan\beta}$$

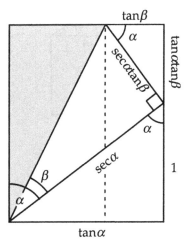

$$\tan(\alpha - \beta) = \frac{\tan\alpha - \tan\beta}{1 + \tan\alpha\tan\beta}$$

-RBN

Formeln für die Verdopplung von Winkeln II

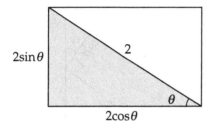
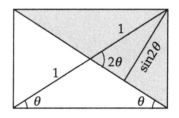

$$2\sin\theta\cos\theta = \sin 2\theta$$

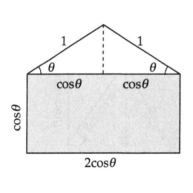
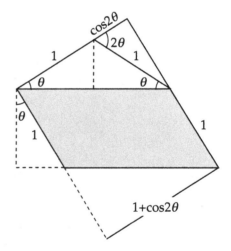

$$2\cos^2\theta = 1 + \cos 2\theta$$

– Yihnan David Gau

Additionstheoreme mit Differenzen und Produkten I

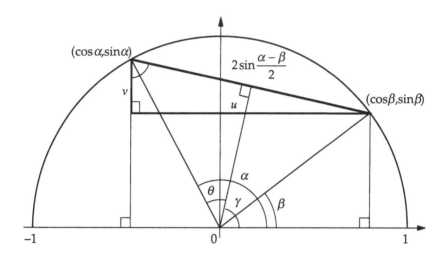

$$\theta = \frac{\alpha - \beta}{2}, \quad \gamma = \frac{\alpha + \beta}{2}$$

$$\sin \alpha - \sin \beta = v = 2 \sin \frac{\alpha - \beta}{2} \cos \frac{\alpha + \beta}{2}$$

$$\cos \beta - \cos \alpha = u = 2 \sin \frac{\alpha - \beta}{2} \sin \frac{\alpha + \beta}{2}$$

– Sidney H. Kung

Geometrie der Additionstheoreme

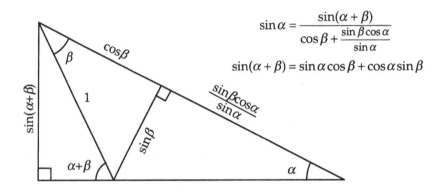

$$\sin\alpha = \frac{\sin(\alpha+\beta)}{\cos\beta + \dfrac{\sin\beta\cos\alpha}{\sin\alpha}}$$

$$\sin(\alpha+\beta) = \sin\alpha\cos\beta + \cos\alpha\sin\beta$$

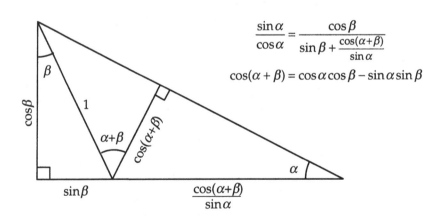

$$\frac{\sin\alpha}{\cos\alpha} = \frac{\cos\beta}{\sin\beta + \dfrac{\cos(\alpha+\beta)}{\sin\alpha}}$$

$$\cos(\alpha+\beta) = \cos\alpha\cos\beta - \sin\alpha\sin\beta$$

– Leonard M. Smiley

Der Tangens eines halben Winkels

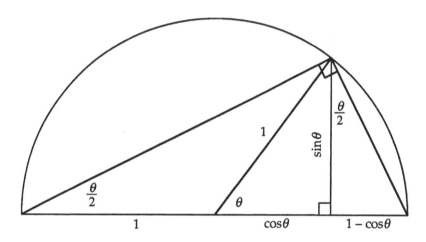

$$\tan \frac{\theta}{2} = \frac{\sin\theta}{1 + \cos\theta} = \frac{1 - \cos\theta}{\sin\theta}$$

– R.J. Walker

Der Tangens für Differenzen I

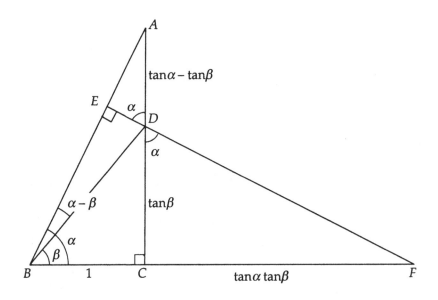

$$\frac{BF}{BE} = \frac{AD}{DE},$$

$$\therefore \tan(\alpha - \beta) = \frac{DE}{BE} = \frac{AD}{BF} = \frac{\tan\alpha - \tan\beta}{1 + \tan\alpha\tan\beta}.$$

– Guanshen Ren

Eisensteins Verdopplungsformel

(G. Eisenstein, Mathematische Werke, Chelsea, New York, 1975, Seite 411)

$$2\csc 2\theta = \tan\theta + \cot\theta$$

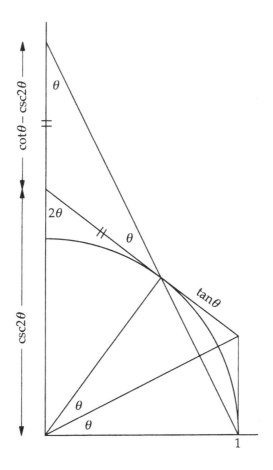

– Lin Tan

4 Parkettierungen und Zerlegungen

Ein Domino = Zwei Quadrate:
Konzentrische Quadrate

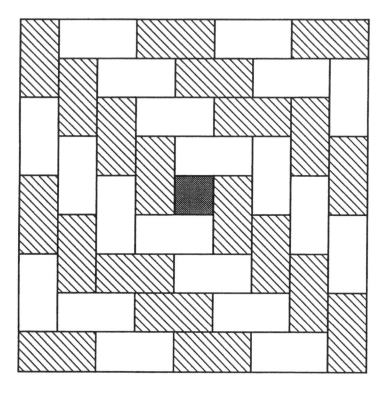

$$1 + 4 \cdot 2 + 8 \cdot 2 + 12 \cdot 2 + 16 \cdot 2 = 9^2$$

$$1 + 2 \sum_{k=1}^{n} 4k = (2n + 1)^2$$

– Shirley A. Wakin

Pflastern mit Trominos

Ein *Tromino* ist eine ebene Figur, bestehend aus drei aneinander grenzenden Quadraten gleicher Größe mit einer Ecke (s.u.).

Satz: *Wenn n eine Zweierpotenz ist, kann ein $n \times n$-Schachbrett, bei dem ein beliebiges Quadrat entfernt wurde, mit Trominos gepflastert werden.*

Beweis per Induktion, startend mit $n = 2$ und einem Tromino:

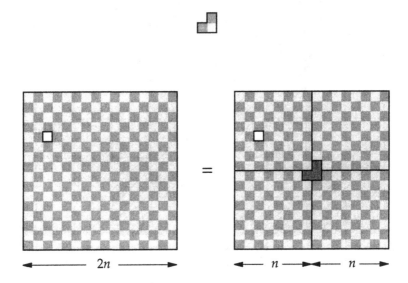

Bemerkung: Mit der Ausnahme von $n = 5$ ist eine solche Pflasterung genau dann möglich, wenn n kein Vielfaches von 3 ist (siehe I-Ping Chu & Richard Johnsonbaugh, „Tiling deficient boards with trominos", *Mathematics Magazine* 59 (1986), 34-40).

- Solomon W. Golomb

Das Problem der Calissons

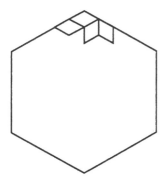

Ein *Calisson* ist ein französisches Konfekt, welches ausschaut wie zwei gleichseitige Dreiecke mit einer gemeinsamen Seite. Calissons sind in einer Box verpackt, die ein regelmäßiges Sechseck darstellt. Ein interessantes kombinatorisches Problem: Angenommen, eine Box der Seitenlänge n ist mit Süßigkeiten der Länge 1 gefüllt und die kurze Diagonale jedes Calissons in der Box ist parallel zu einem Paar von Seiten der Box. Entsprechend der drei resultierenden Möglichkeiten sprechen wir von drei verschiedenen Orientierungen eines Calissons.

Satz: *In jeder Packung ist die Anzahl der Calissons einer beliebig gegebenen Orientierung gleich einem Drittel der Anzahl aller Calissons in der Box.*

Beweis:

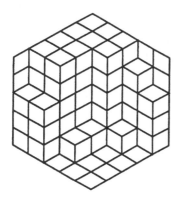 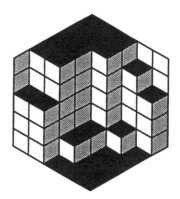

- Guy David und Carlos Tomei

Pflasterungen mit Quadraten und Parallelogrammen

Die Mittelpunkte der Quadrate, die auf den Seiten eines Parallelogramms errichtet werden (wie im Bild), bilden wiederum ein Quadrat.

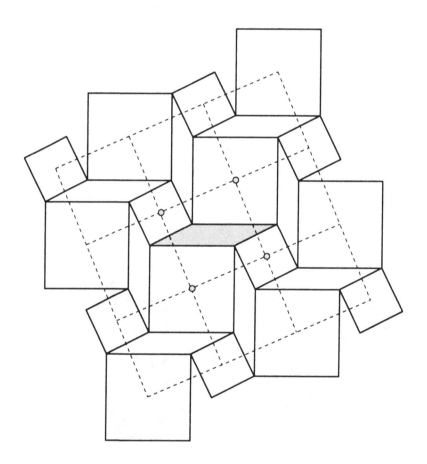

- Alfinio Flores

Die Fläche eines Vierecks II

Die Fläche eines Vierecks Q ist gleich der Hälfte der Fläche eines Parallelogramms P, dessen Seiten parallel zu den Diagonalen von Q und dabei von gleicher Länge sind. Nachstehend werden die Fälle eines konvexen bzw. eines konkaven Q aufgeführt:

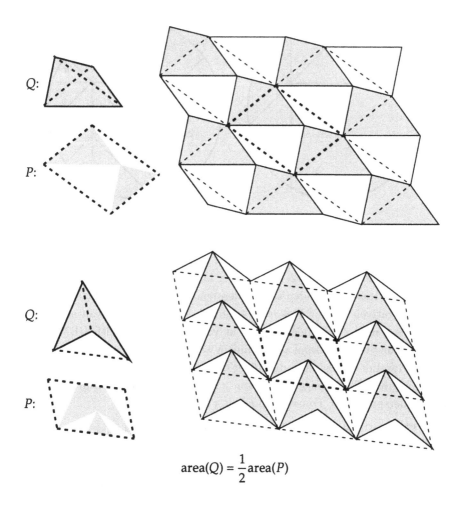

$$\text{area}(Q) = \frac{1}{2}\text{area}(P)$$

Faire Teilung einer Pizza

Der Pizza-Satz: *Wird eine Pizza durch Schnitte an einem beliebigen Punkt im Inneren der Pizza um den Winkel 45° in acht Stücke zerlegt* (wie im Bild), *so sind die Summen der Flächen der alternierenden Stücke gleich.*

Beweis:

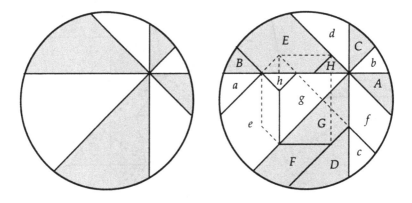

Bemerkung: Dieses Resultat wurde von L.J. Upton entdeckt; es ist richtig, wenn die Anzahl n der Stücke $8, 12, \ldots$ ist, aber falsch für $n = 2, 4, 6, 10, 14, 18, \ldots$. Die positiven Resultate finden sich in den beiden unten aufgeführten Artikeln. Bei den negativen ist der Fall $n = 4$ einfach zu behandeln, während in den Fällen $n \equiv 2 \bmod 4$ folgendes Argument von Don Coppersmith (IBM) greift: Aufgrund von Stetigkeit kann angenommen werden, dass der ausgewählte Punkt auf dem Rand der Pizza liegt und einer der Schnitte tangential verläuft. Dann hängt die graue Fläche algebraisch von π ab, so dass eine Gleichheit mit $\pi/2$ einen Widerspruch zur Transzendenz von π lieferte.

1. L.J. Upton, Problem 660, *Mathematics Magazine* 41 (1968), 46.

2. S. Rabinowitz, Problem 1325, *Crux Mathematicorum* 15 (1989), 120-122.

- Larry Carter und Stan Wagon

Induktive Konstruktion eines unendlichen Schachbretts mit maximaler Verteilung sich nicht attackierender Königinnen

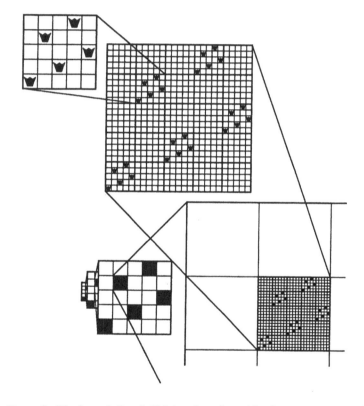

1. Dean S. Clark and Oved Shisha, Invulnerable Queens on an Infinite Chessboard, *Annals of the New York Academy of Sciences, The Third International Conference on Combinatorial Mathematics*, 1989, 133-139.
2. M. Kraitchik, *La Mathématique des Jeux ou Récréations Mathématiques*, Imprimerie Stevens Frères, Bruxelles, 1930, 349-353.

– Dean S. Clark und Oved Shisha

5 Ein wenig lineare Algebra

$(AB)^T = B^T A^T$, wobei A und B Matrizen sind

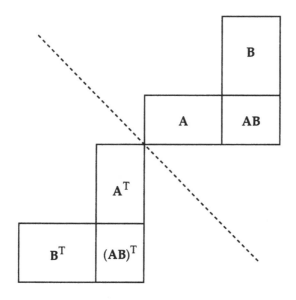

– James G. Simmonds

Distributivität von Skalar- und Kreuzprodukt

$$\vec{A}\cdot\left(\vec{C}\times\vec{D}\right)+\vec{B}\cdot\left(\vec{C}\times\vec{D}\right)=\left(\vec{A}+\vec{B}\right)\cdot\left(\vec{C}\times\vec{D}\right)$$

– Constance C. Edwards und Prashant S. Sansgiry

Die Cramersche Regel

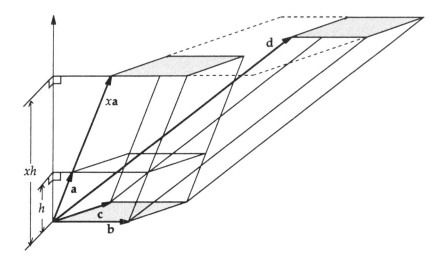

$$xa + yb + zc = d \Rightarrow \det(d,b,c) = \det(xa,b,c) = x\det(a,b,c)$$

$$\therefore x = \frac{\det(d,b,c)}{\det(a,b,c)}$$

– *The Mathematics Initiative*, Education Development Center

II Zahlentheoretisches und Kombinatorisches

6 Quadrate, pythagoräische Tripel und perfekte Zahlen

Quadratische Ergänzung

$$x^2 + ax = (x + a/2)^2 - (a/2)^2$$

– Charles D. Gallant

Summen von Quadraten I

$$(a + b)^2 + (a - b)^2 = 2(a^2 + b^2)$$

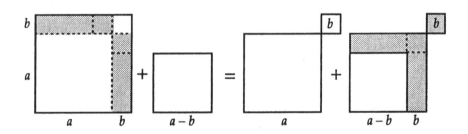

– Shirley A. Wakin

Summen von Quadraten II

$$(a + b + c)^2 + (a + b - c)^2 + (a - b + c)^2 + (a - b - c)^2$$
$$= (2a)^2 + (2b)^2 + (2c)^2$$

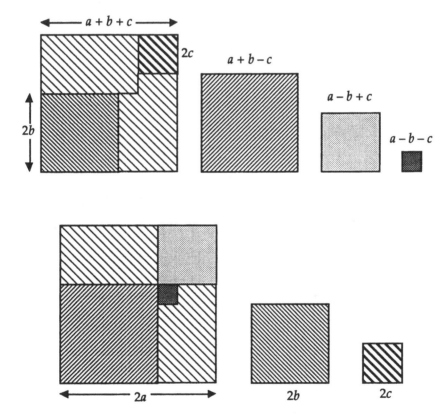

– Sam Pooley und K. Ann Drude

Eine Formel für die Fibonacci-Zahlen

$F_1 = F_2 = 1, \quad F_n = F_{n-1} + F_{n-2} \Rightarrow$

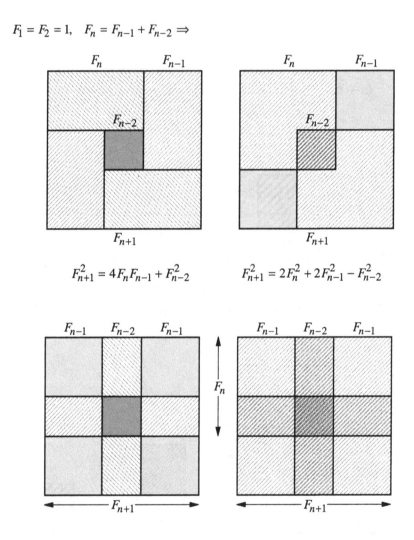

$$F_{n+1}^2 = 4F_n F_{n-1} + F_{n-2}^2 \qquad F_{n+1}^2 = 2F_n^2 + 2F_{n-1}^2 - F_{n-2}^2$$

Welche Formeln lassen sich den unteren beiden bildlichen Beweisen entnehmen?

– Alfred Brousseau

Sinus und Cosinus als rationale Funktionen

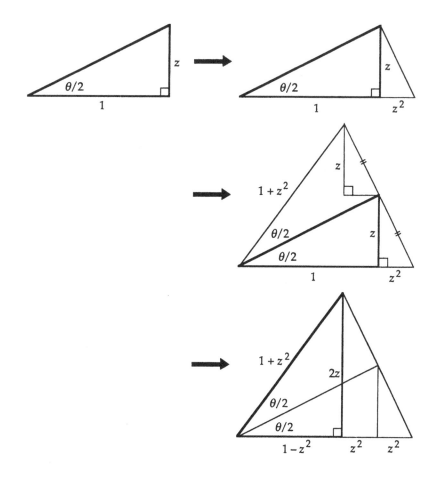

Setzen wir $z = \tan\frac{\theta}{2}$, so ergeben sich $\sin\theta = \frac{2z}{1+z^2}$ und $\cos\theta = \frac{1-z^2}{1+z^2}$.

– RBN

Pythagoräische Tripel mit der Doppelwinkelformel

$$\sin\theta = \frac{n}{\sqrt{m^2 + n^2}}$$

$$\cos\theta = \frac{m}{\sqrt{m^2 + n^2}}$$

$$m > n > 0$$
$$m, n \in \mathbf{I}$$

$$\sin 2\theta = \frac{2mn}{m^2 + n^2}$$

$$\cos 2\theta = \frac{m^2 - n^2}{m^2 + n^2}$$

– David Houston

Diophants Formel für die Summe von Quadraten

$$(a^2 + b^2)(c^2 + d^2) = (ad + bc)^2 + (bd - ac)^2$$

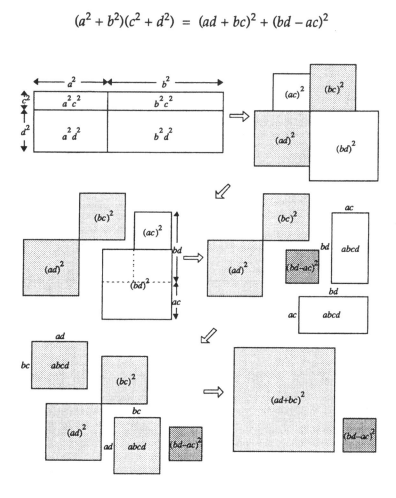

– RBN

Das Produkt von vier (positiven) Zahlen in arithmetischer Progression ist stets Differenz zweier Quadrate

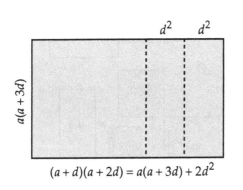

$$(a + d)(a + 2d) = a(a + 3d) + 2d^2$$

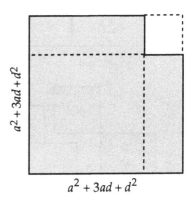

$$a^2 + 3ad + d^2$$

$$a(a + d)(a + 2d)(a + 3d) = (a^2 + 3ad + d^2)^2 - (d^2)^2$$

– RBN

Perfekte Zahlen

Ist $p = 2^{n+1} - 1$ eine Primzahl, so ist $N = 2^n p$ perfekt.

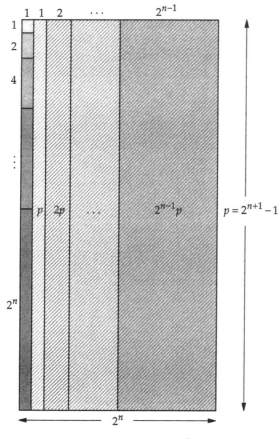

$$1 + 2 + \cdots + 2^n + p + 2p + \cdots + 2^{n-1}p = 2^n p = N$$

– Don Goldberg

Summen von Dreierpotenzen

$$\sum_{k=0}^{n-1} 3^k = \frac{3^n - 1}{2}$$

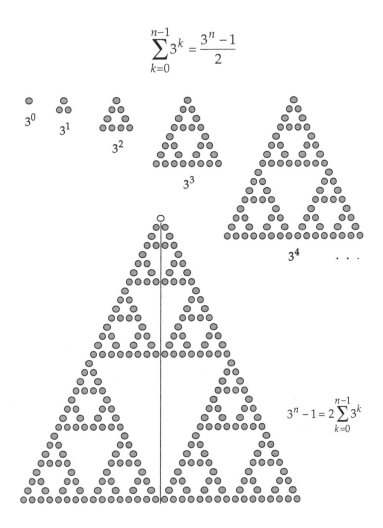

$$3^n - 1 = 2\sum_{k=0}^{n-1} 3^k$$

– David B. Sher

7 Einfache Summen natürlicher Zahlen

Summen natürlicher Zahlen I

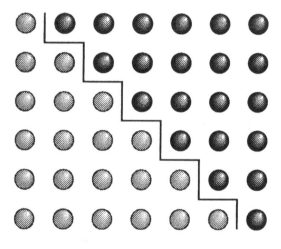

$$1 + 2 + \cdots + n = \frac{1}{2}n(n + 1)$$

– „Die alten Griechen" (nach Martin Gardner)

Summen ungerader natürlicher Zahlen I

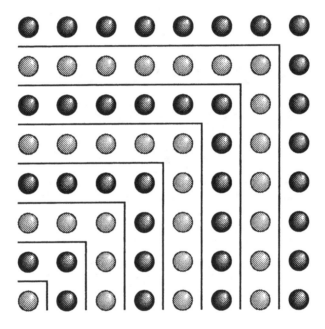

$$1 + 3 + 5 + \cdots + (2n - 1) = n^2$$

– Nicomachos von Gerasa (circa 100)

Summen ungerader natürlicher Zahlen II

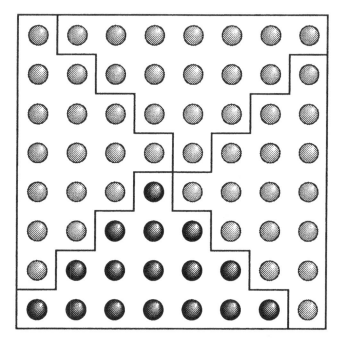

$$1 + 3 + \cdots + (2n - 1) = \tfrac{1}{4}(2n)^2 = n^2$$

Quadrate und Summen natürlicher Zahlen I

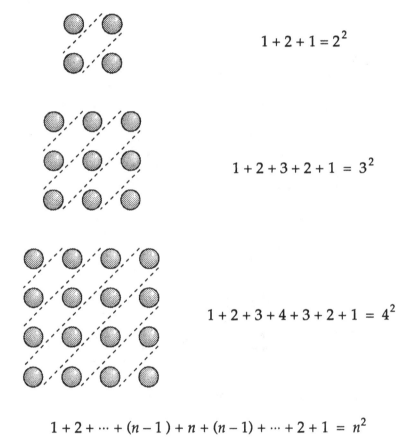

$$1 + 2 + 1 = 2^2$$

$$1 + 2 + 3 + 2 + 1 = 3^2$$

$$1 + 2 + 3 + 4 + 3 + 2 + 1 = 4^2$$

$$1 + 2 + \cdots + (n-1) + n + (n-1) + \cdots + 2 + 1 = n^2$$

– „Die alten Griechen" (nach Martin Gardner)

Quadrate und Summen natürlicher Zahlen II

$$1 + 3 + 1 = 1^2 + 2^2$$

$$1 + 3 + 5 + 3 + 1 = 2^2 + 3^2$$

$$1 + 3 + 5 + 7 + 5 + 3 + 1 = 3^2 + 4^2$$

$$\vdots$$

$$1 + 3 + \cdots + (2n-1) + (2n+1) + (2n-1) + \cdots + 3 + 1 = n^2 + (n+1)^2$$

– Hee Sik Kim

Summen aufeinanderfolgender Neunerpotenzen sind Summen aufeinanderfolgender ganzer Zahlen

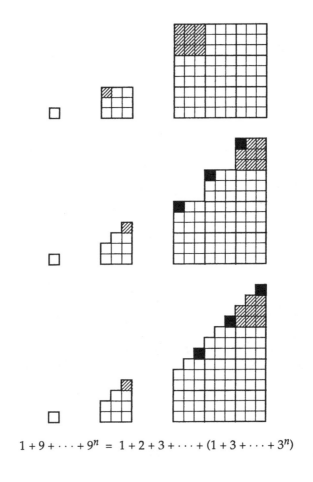

$$1 + 9 + \cdots + 9^n = 1 + 2 + 3 + \cdots + (1 + 3 + \cdots + 3^n)$$

– RBN

Summen aufeinanderfolgender natürlicher Zahlen

Jede natürliche Zahl $n > 1$, welche keine Zweierpotenz ist, lässt sich darstellen als Summe von zwei oder mehr aufeinanderfolgenden natürlichen Zahlen.

$$N = 2^n(2k+1) \quad (n \geq 0, k \geq 1),$$
$$m = \min\{2^{n+1}, 2k+1\},$$
$$M = \max\{2^{n+1}, 2k+1\},$$
$$2N = mM.$$

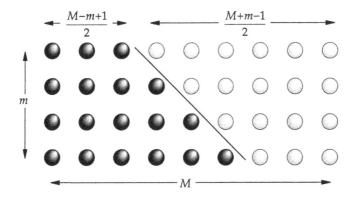

$$N = \left(\frac{M-m+1}{2}\right) + \left(\frac{M-m+1}{2}+1\right) + \cdots + \left(\frac{M+m-1}{2}\right).$$

1. P. Ross, Problem 1358, *Mathematics Magazine* 63 (1990), 350.
2. J. V. Wales, Jr., Solution to Problem 1358, *Mathematics Magazine* 64 (1991), 351.

– C.L. Frenzen

8 Quadrate und Kuben

Quadratsummen I

$$1^2 + 2^2 + \cdots + n^2 = \frac{1}{3}\,n(n+1)(n+\tfrac{1}{2})$$

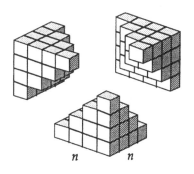

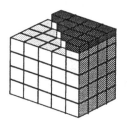

$n \qquad n$

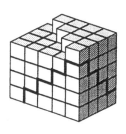

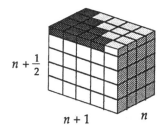

$n + \frac{1}{2}$

$n + 1 \qquad n$

– Man-Keung Siu

Quadratsummen II

$$3(1^2 + 2^2 + \cdots + n^2) = (2n + 1)(1 + 2 + \cdots + n)$$

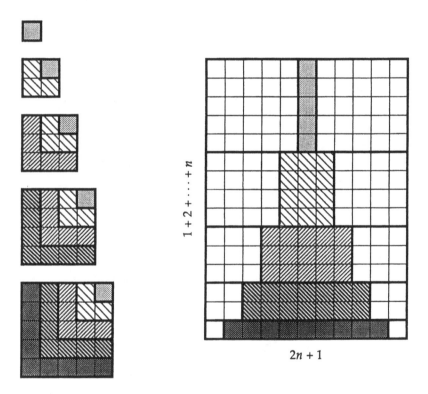

– Martin Gardner und Dan Kalman (unabhängig)

Quadratsummen VI

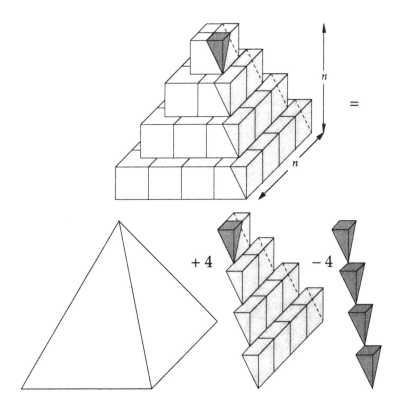

$$1^2 + 2^2 + \cdots + n^2 \;=\; \frac{1}{3}n^2 \cdot n \quad + \quad 4 \cdot \frac{n(n+1)}{2} \cdot \frac{1}{4} \quad - \quad 4 \cdot n \cdot \frac{1}{12}$$

$$= \frac{1}{6}n(n+1)(2n+1).$$

– I.A. Sakmar

Quadratsummen VII

$$\sum_{k=1}^{n} k^2 = \frac{n(n+1)(2n+1)}{6}$$

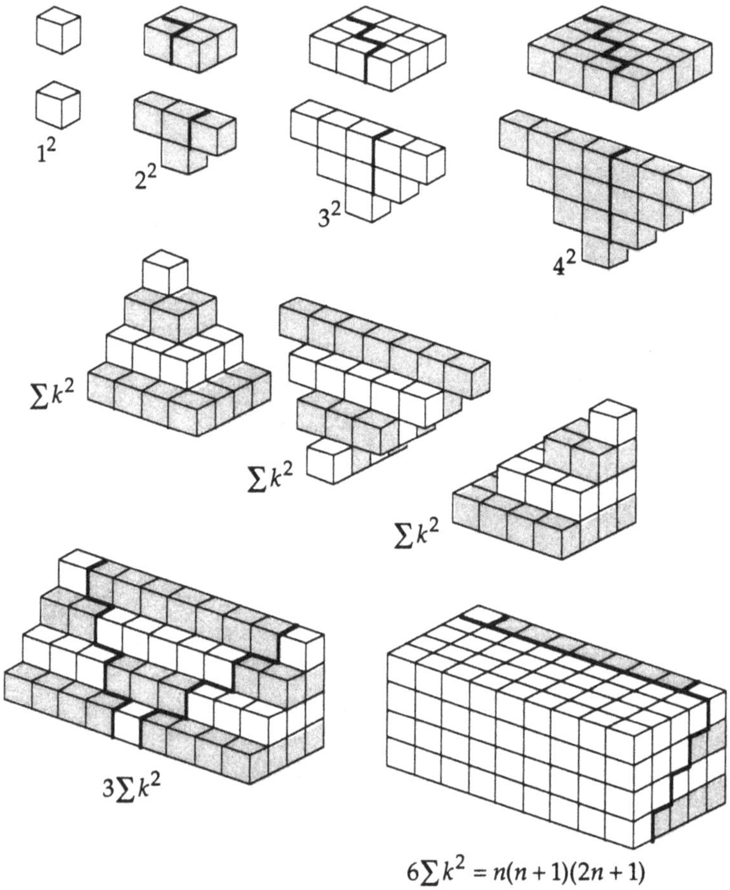

1^2

2^2

3^2

4^2

$\sum k^2$

$\sum k^2$

$\sum k^2$

$3 \sum k^2$

$6 \sum k^2 = n(n+1)(2n+1)$

– Nanny Wermuth und Hans-Jürgen Schuh

Summen ungerader Quadrate

$$1^2 + 3^2 + \cdots + (2n-1)^2 = \frac{n(2n-1)(2n+1)}{3}$$

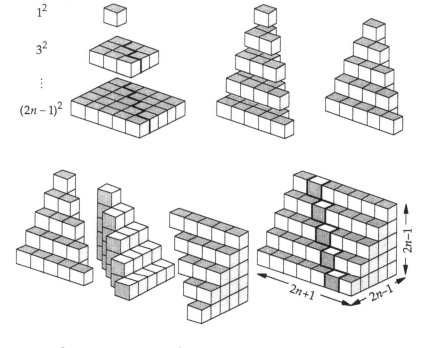

$$3 \times \left[1^2 + 3^2 + \cdots + (2n-1)^2\right] = \left[1 + 2 + \cdots + (2n-1)\right] \times (2n+1)$$

$$= \frac{(2n-1)(2n)(2n+1)}{2} = n(2n-1)(2n+1)$$

– RBN

Summen von Summen von Quadraten

$$\sum_{k=1}^{n}\sum_{i=1}^{k} i^2 = \frac{1}{3}\binom{n+1}{2}\binom{n+2}{2}$$

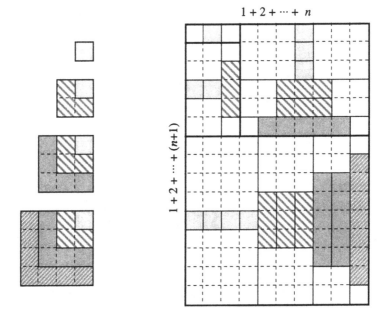

$$3\left(1^2\right)+3\left(1^2+2^2\right)+3\left(1^2+2^2+3^2\right)+\cdots+3\left(1^2+2^2+\cdots+n^2\right)=\binom{n+1}{2}\binom{n+2}{2}$$

– C.G. Wastun

Alternierende Quadratsummen

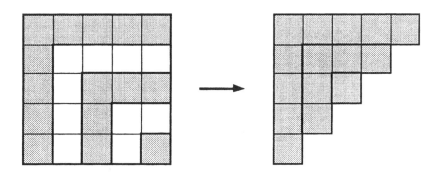

$$\sum_{k=1}^{n} (-1)^{k+1} k^2 = (-1)^{n+1} T_n = (-1)^{n+1} \frac{n(n+1)}{2}$$

$$n^2 - (n-1)^2 + \cdots + (-1)^{n-1}(1)^2 = \sum_{k=0}^{n} (-1)^k (n-k)^2 = \frac{n(n+1)}{2}$$

– Dave Logothetti (oben) und Steven L. Snover (unten)

Summen von Quadraten von Fibonacci-Zahlen

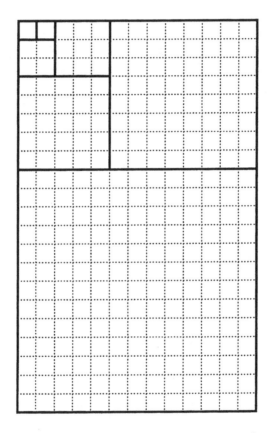

$$F_1 = F_2 = 1; F_{n+2} = F_{n+1} + F_n \Rightarrow F_1^2 + F_2^2 + \ldots + F_n^2 = F_n F_{n+1}$$

– Alfred Brousseau

Summen von Kuben I

$$1^3 + 2^3 + 3^3 + \cdots + n^3 = (1 + 2 + 3 + \cdots + n)^2$$

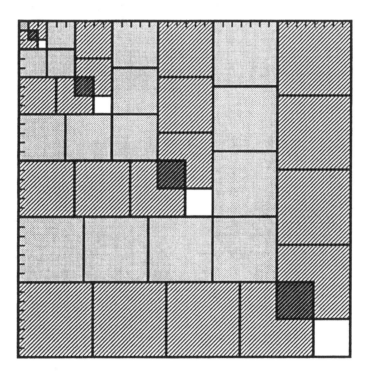

– Solomon W. Golomb

Summen von Kuben V

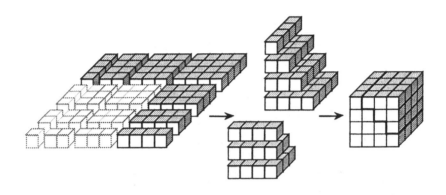

$$t_n = 1 + 2 + \cdots + n \;\Rightarrow\; t_n^2 - t_{n-1}^2 = n^3$$

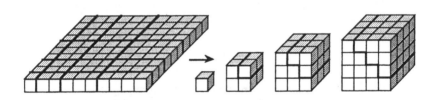

$$t_n^2 = (1 + 2 + \cdots + n)^2 = 1^3 + 2^3 + 3^3 + \cdots + n^3$$

– RBN

Summen von Kuben VII

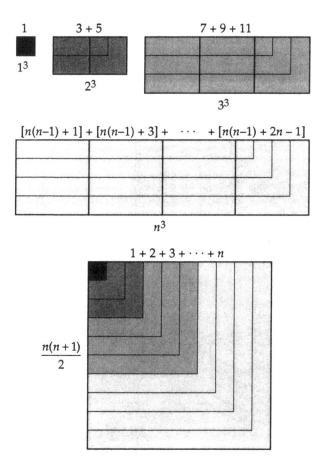

$$1 \quad\quad 3+5 \quad\quad\quad 7+9+11$$

$$1^3 \quad\quad 2^3 \quad\quad\quad 3^3$$

$$[n(n-1)+1] + [n(n-1)+3] + \cdots + [n(n-1)+2n-1]$$

$$n^3$$

$$1 + 2 + 3 + \cdots + n$$

$$\frac{n(n+1)}{2}$$

$$1^3 + 2^3 + \cdots + n^3 = 1 + 3 + 5 + \cdots + 2\,\frac{n(n+1)}{2} - 1 = \left[\frac{n(n+1)}{2}\right]^2$$

– Alfinio Flores

Summen ganzer Zahlen als Summen von Kuben

$$2 + 3 + 4 = 1 + 8$$
$$5 + 6 + 7 + 8 + 9 = 8 + 27$$
$$10 + 11 + 12 + 13 + 14 + 15 + 16 = 27 + 64$$
$$\vdots$$
$$(n^2 + 1) + (n^2 + 2) + \cdots + (n + 1)^2 = n^3 + (n + 1)^3$$

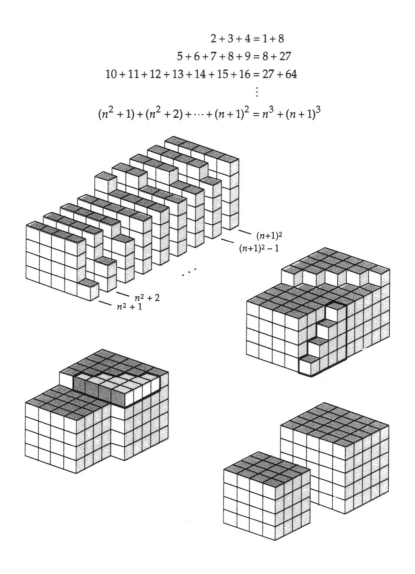

– RBN

9 Noch mehr figurierte Zahlen

Das Quadrat einer ungeraden Zahl ist die Differenz von Dreieckzahlen

$$1 + 2 + \cdots + k = T_k \Rightarrow (2n+1)^2 = T_{3n+1} - T_n$$

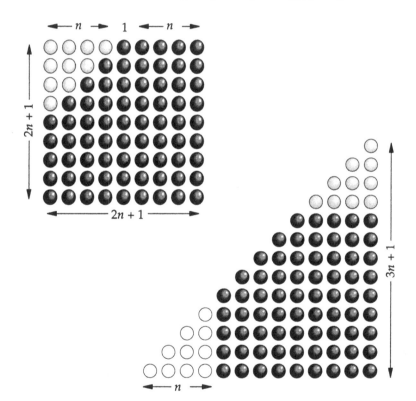

– RBN

Summen ungerader Kuben sind Dreieckzahlen

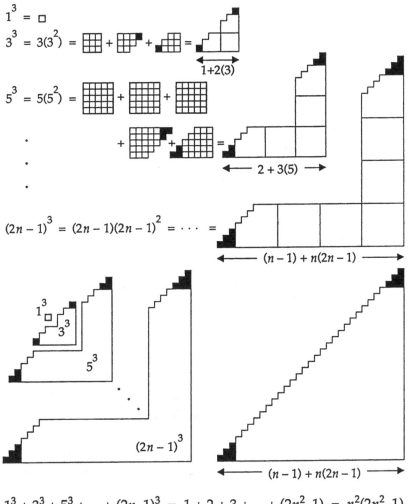

$$1^3 + 3^3 + 5^3 + \cdots + (2n-1)^3 = 1 + 2 + 3 + \cdots + (2n^2-1) = n^2(2n^2-1)$$

– Monte J. Zerger

Summen von Dreieckzahlen II

$$T_k = 1 + 2 + \cdots + k \Rightarrow \sum_{k=1}^{n} T_k = \frac{1}{6} n(n+1)(n+2)$$

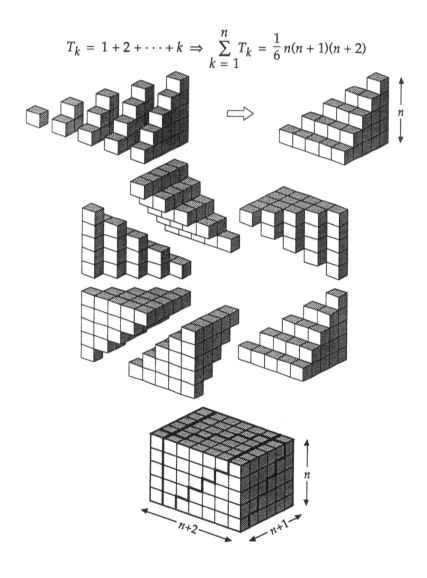

Summen von Dreieckzahlen IV:
Zählen von Melonen

$$T_k = 1 + 2 + \cdots + k \Rightarrow \sum_{k=1}^{n} T_k = \sum_{k=1}^{n} k(n - k + 1)$$

1

+

3

+

6

+

$\vdots$

+

$n(n+1)/2$

n

$1(n) \quad + \quad 2(n-1) \quad + \quad 3(n-2) \quad + \cdots + \quad n(1)$

– Deanna B. Haunsperger und Stephen F. Kennedy

Alternierende Summen von Dreieckzahlen

$$T_k = 1 + 2 + \cdots + k \Rightarrow \sum_{k=1}^{2n-1} (-1)^{k+1} T_k = n^2$$

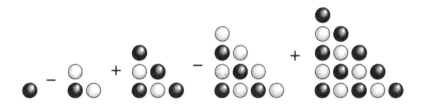

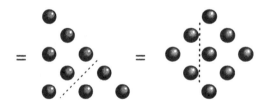

– RBN

Die Summe der Quadrate aufeinanderfolgender Dreieckzahlen ist eine Dreieckzahl

$$T_n = 1 + 2 + \cdots + n \Rightarrow T_{n-1}^2 + T_n^2 = T_{n^2}$$

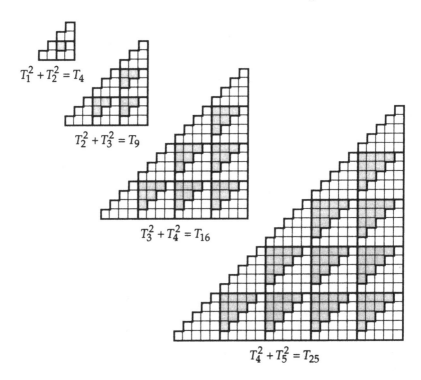

$T_1^2 + T_2^2 = T_4$

$T_2^2 + T_3^2 = T_9$

$T_3^2 + T_4^2 = T_{16}$

$T_4^2 + T_5^2 = T_{25}$

Dies ist verwandt mit der bekannten Formel

$$T_{n-1} + T_n = n^2:$$

– RBN

Eine Rekursion für Dreieckzahlen

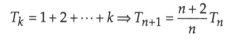

$$T_k = 1 + 2 + \cdots + k \Rightarrow T_{n+1} = \frac{n+2}{n} T_n$$

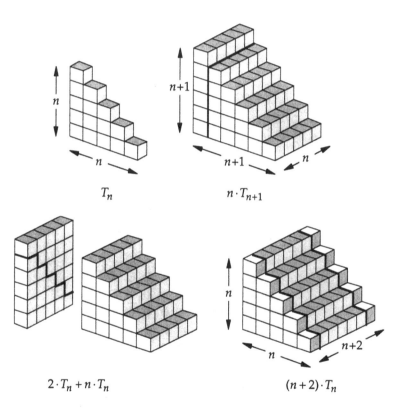

T_n

$n \cdot T_{n+1}$

$2 \cdot T_n + n \cdot T_n$

$(n+2) \cdot T_n$

$$n \cdot T_{n+1} = (n+2) \cdot T_n \Rightarrow T_{n+1} = \frac{n+2}{n} T_n$$

Identitäten für Dreieckzahlen

$$T_n = 1 + 2 + \cdots + n \quad \Rightarrow$$

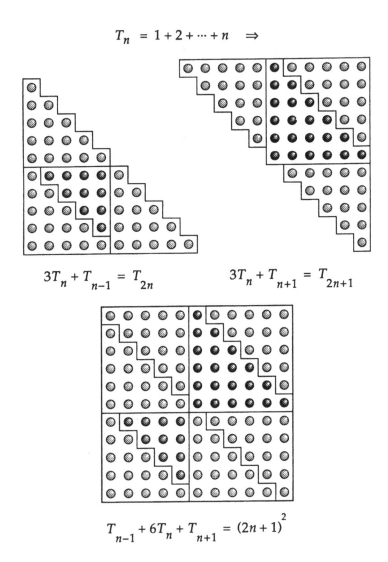

$$3T_n + T_{n-1} = T_{2n} \qquad\qquad 3T_n + T_{n+1} = T_{2n+1}$$

$$T_{n-1} + 6T_n + T_{n+1} = (2n+1)^2$$

Identitäten für Dreieckzahlen II

$$T_n = 1 + 2 + \cdots + n \Rightarrow$$

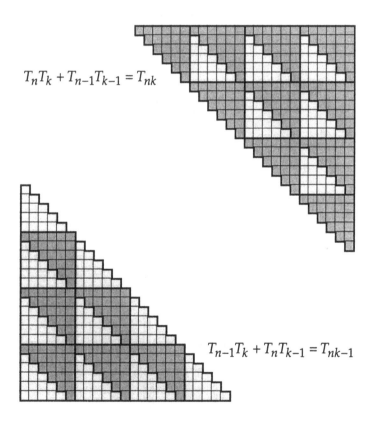

$$T_n T_k + T_{n-1} T_{k-1} = T_{nk}$$

$$T_{n-1} T_k + T_n T_{k-1} = T_{nk-1}$$

– RBN

Eine pythagoräische Serie

$$3^2 + 4^2 \;=\; 5^2$$
$$10^2 + 11^2 + 12^2 \;=\; 13^2 + 14^2$$
$$21^2 + 22^2 + 23^2 + 24^2 \;=\; 25^2 + 26^2 + 27^2$$
$$\vdots$$

$$T_n = 1 + 2 + \ldots + n$$
$$\Rightarrow (4T_n - n)^2 + \ldots + (4T_n)^2 \;=\; (4T_n + 1)^2 + \ldots + (4T_n + n)^2$$

Für beispielsweise $n = 3$ betrachte man hierzu:

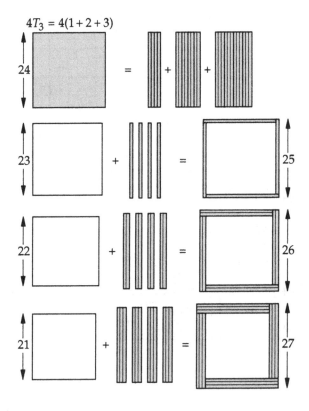

– Michael Boardman

Identitäten für Pentagonalzahlen

$$\left.\begin{array}{l} P_n = 1 + 4 + 7 + \cdots + (3n-2) \\ T_n = 1 + 2 + 3 + \cdots + n \end{array}\right\} \Rightarrow$$

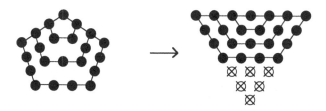

$$P_n = T_{2n-1} - T_{n-1}$$

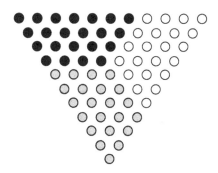

$$P_n = \frac{1}{3} T_{3n-1}$$

Jede Hexagonalzahl ist eine Dreieckzahl

$$\left.\begin{array}{l} H_n = 1+5+\cdots+(4n-3) \\ T_n = 1+2+\cdots+n \end{array}\right\} \Rightarrow H_n = 3T_{n-1} + T_n = T_{2n-1} = n(2n-1)$$

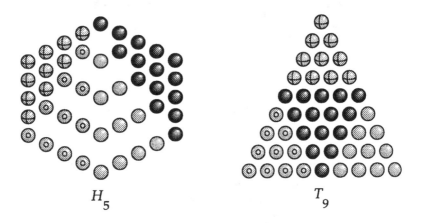

$$H_5 \qquad\qquad\qquad T_9$$

5·9

Summen von Hexagonalzahlen sind Kuben

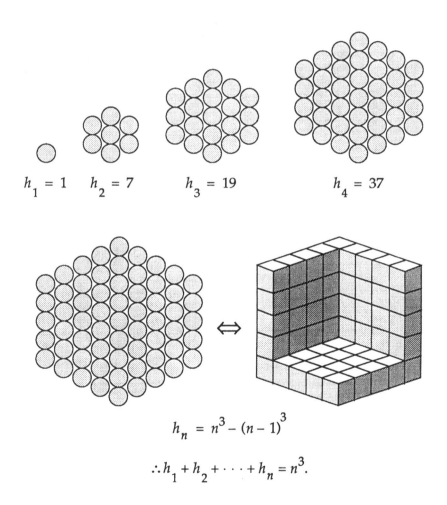

$$h_1 = 1 \quad h_2 = 7 \quad h_3 = 19 \quad h_4 = 37$$

$$h_n = n^3 - (n-1)^3$$

$$\therefore h_1 + h_2 + \cdots + h_n = n^3.$$

Summen von Oktagonalzahlen

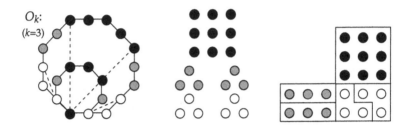

$$T_k = 1 + 2 + \cdots + k \Rightarrow O_k = k^2 + 4T_{k-1}$$

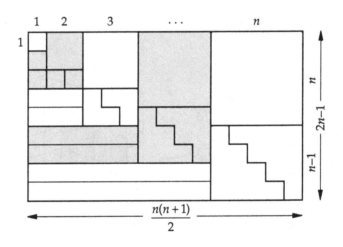

$$\sum_{k=1}^{n} O_k = 1 + 8 + 21 + 40 + \cdots + (n^2 + 4T_{n-1}) = \frac{n(n+1)(2n-1)}{2}$$

– James O. Chilaka

Die k-te n-Eckzahl ist
$$1 + (k-1)(n-1) + \tfrac{1}{2}(k-2)(k-1)(n-2)$$

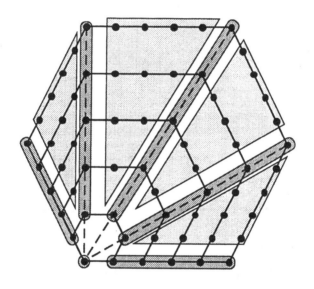

– Dave Logothetti

Summen von Rechteckzahlen II

$$3(1{\cdot}2 + 2{\cdot}3 + 3{\cdot}4 + \cdots + n(n+1)) = n(n+1)(n+2)$$

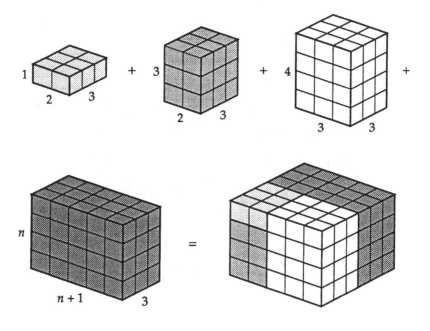

– Sidney H. Kung

10 Weitere kombinatorische Kostbarkeiten

Eine kombinatorische Identität

$$\binom{n}{2} = \frac{1}{2}(n^2 - n) = \sum_{i=1}^{n-1} i$$

$$\binom{n+1}{2} = \binom{n}{2} + n$$

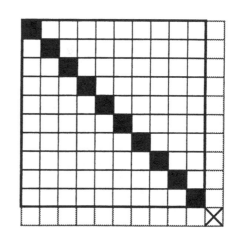

– James O. Chilaka

$3 \sum_{j=0}^{n} \binom{3n}{3j} = 8^n + 2(-1)^n$ mit der Ein- und Ausschluss-Formel im Pascalschen Dreieck

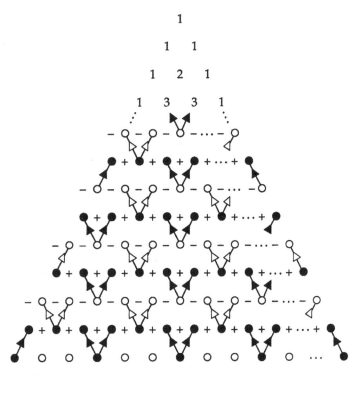

$$\sum_{j=0}^{n} \binom{3n}{3j} = \sum_{j=1}^{3n-1} (-1)^{j-1} 2^{3n-j} = -2^{3n} \sum_{j=1}^{3n-1} \left(-\frac{1}{2}\right)^j = \frac{8^n + 2(-1)^n}{3}.$$

– Dean S. Clark

Selbstkomplementäre Graphen

Ein Graph heißt *einfach*, wenn er keine Schleifen oder mehrfache Kanten besitzt. Ein einfacher Graph $G = (V, E)$ wird *selbstkomplementär* genannt, wenn G isomorph zu seinem Komplement $\overline{G} = (V, \overline{E})$ ist, wobei $\overline{E}$ die Menge aller Kanten $\{v, w\}$ mit Ecken $v, w \in V$ ist, so dass $v \neq w$ und $\{v, w\} \notin E$. Eine Standardaufgabe ist, zu zeigen, dass für einen selbstkomplementären einfachen Graphen G mit n Ecken stets $n \equiv 0$ oder $n \equiv 1 \bmod 4$ gilt. Tatsächlich trifft auch die Umkehrung:

Satz: *Ist n eine natürliche Zahl mit entweder $n \equiv 0 \bmod 4$ oder $n \equiv 1 \bmod 4$, dann existiert ein selbstkomplementärer einfacher Graph G_n mit n-Ecken.*

Beweis:

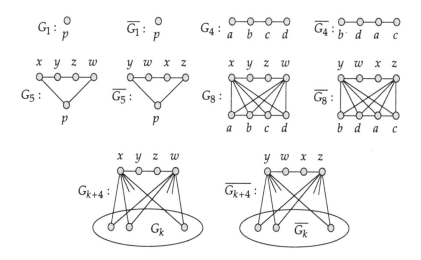

– Stephen C. Carlson

III Analytisches

11 Ungleiches

Die Ungleichung vom arithmetischen und geometrischen Mittel I

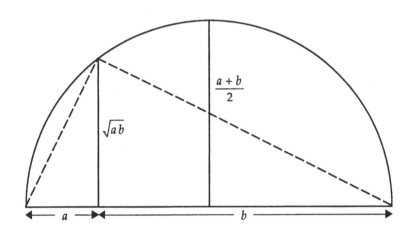

$$\sqrt{ab} \leq \frac{a+b}{2}$$

– Charles D. Gallant

Die Ungleichung vom arithmetischen und geometrischen Mittel II

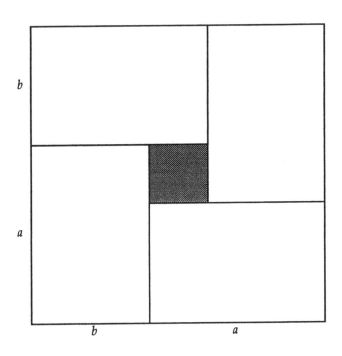

$$(a + b)^2 - (a - b)^2 = 4ab$$

$$\frac{a + b}{2} \geq \sqrt{ab}$$

– Doris Schattschneider

Die Ungleichung vom harmonischen, geometrischen, arithmetischen und Quadratwurzel-Mittel

$$a, b > 0 \;\Rightarrow\; \sqrt{(a^2 + b^2)/2} \geq \frac{a+b}{2} \geq \sqrt{ab} \geq \frac{2ab}{a+b}$$

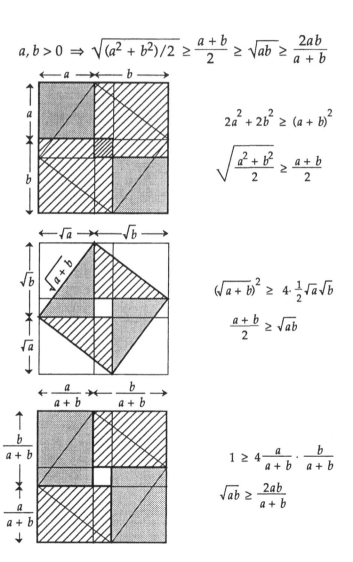

$$2a^2 + 2b^2 \geq (a+b)^2$$

$$\sqrt{\frac{a^2 + b^2}{2}} \geq \frac{a+b}{2}$$

$$(\sqrt{a+b})^2 \geq 4 \cdot \frac{1}{2}\sqrt{a}\sqrt{b}$$

$$\frac{a+b}{2} \geq \sqrt{ab}$$

$$1 \geq 4\frac{a}{a+b} \cdot \frac{b}{a+b}$$

$$\sqrt{ab} \geq \frac{2ab}{a+b}$$

– RBN

Die Ungleichung vom arithmetischen und geometrischen Mittel IV

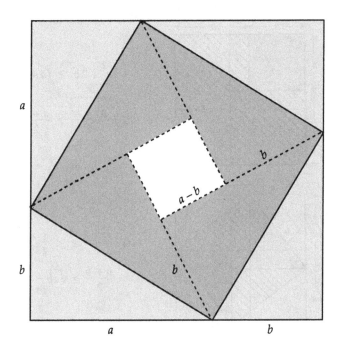

$$(a+b)^2 \geq 4ab \quad \Rightarrow \quad \frac{a+b}{2} \geq \sqrt{ab}$$

– Ayoub B. Ayoub

Die Ungleichung vom arithmetischen und geometrischen Mittel VI

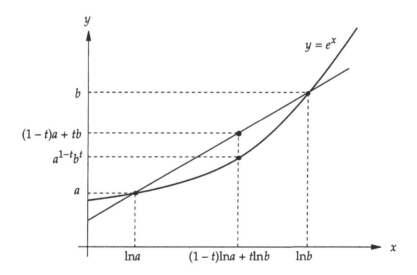

$$0 < a < b, 0 < t < 1 \Rightarrow (1-t)a + tb > a^{1-t}b^t$$

$$t = \frac{1}{2} \Rightarrow \frac{a+b}{2} > \sqrt{ab}$$

– Michael K. Brozinsky

Die Ungleichung vom arithmetischen und geometrischen Mittel für drei positive Zahlen

LEMMA: $ab + bc + ac \leq a^2 + b^2 + c^2$

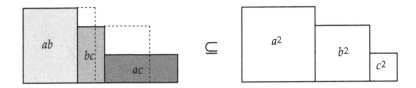

THEOREM: $3abc \leq a^3 + b^3 + c^3$

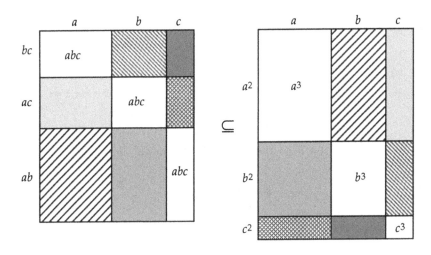

– Claudi Alsina

Die Ungleichung vom arithmetischen, geometrischen und harmonischen Mittel

$$a, b > 0 \Rightarrow \frac{a+b}{2} \geq \sqrt{ab} \geq \frac{2ab}{a+b}$$

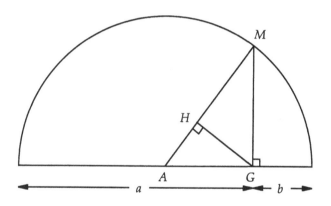

$$\overline{AM} = \frac{a+b}{2}, \ \overline{GM} = \sqrt{ab}, \ \overline{HM} = \frac{2ab}{a+b},$$
$$\overline{AM} \geq \overline{GM} \geq \overline{HM}.$$

– Pappos von Alexandria (circa 320)

Die Ungleichung vom arithmetischen, logarithmischen und geometrischen Mittel

$$b > a > 0 \Rightarrow \frac{a+b}{2} > \frac{b-a}{\ln b - \ln a} > \sqrt{ab}$$

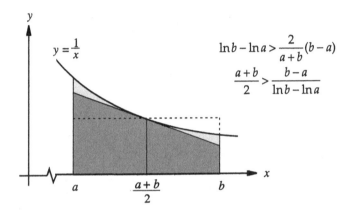

$$\ln b - \ln a > \frac{2}{a+b}(b-a)$$

$$\frac{a+b}{2} > \frac{b-a}{\ln b - \ln a}$$

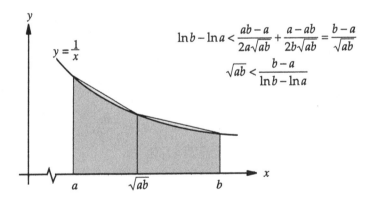

$$\ln b - \ln a < \frac{ab-a}{2a\sqrt{ab}} + \frac{a-ab}{2b\sqrt{ab}} = \frac{b-a}{\sqrt{ab}}$$

$$\sqrt{ab} < \frac{b-a}{\ln b - \ln a}$$

– RBN

Eine Eigenschaft der Mediante

$$\frac{a}{b} < \frac{c}{d} \;\Rightarrow\; \frac{a}{b} < \frac{a+c}{b+d} < \frac{c}{d}$$

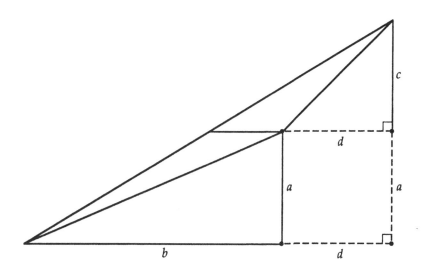

– Richard A. Gibbs

Eine Ungleichung für die Mediante (zwei Beweise)

(Nicolas Chuquet, *Le Triparty en la Science des Nombres*, 1484)

$$a, b, c, d > 0; \; \frac{a}{b} < \frac{c}{d} \; \Rightarrow \; \frac{a}{b} < \frac{a+c}{b+d} < \frac{c}{d}$$

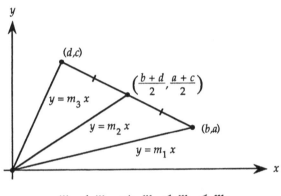

$$m_1 < m_3 \; \Rightarrow \; m_1 < m_2 < m_3$$

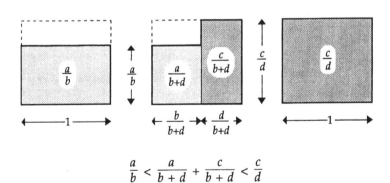

$$\frac{a}{b} < \frac{a}{b+d} + \frac{c}{b+d} < \frac{c}{d}$$

– Li Changming (oben) und RBN (unten)

Die Summe einer positiven Zahl und ihres Kehrwertes ist mindestens zwei (vier Beweise)

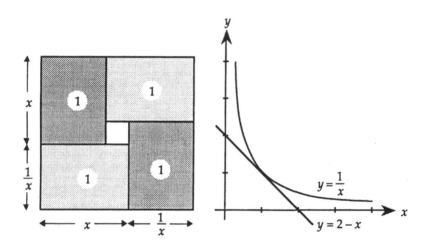

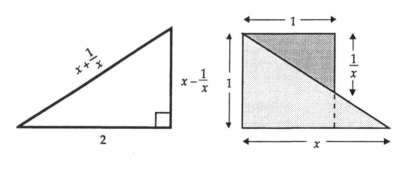

$$x \geq 1 \;\Rightarrow\; x + \frac{1}{x} \geq 2$$

– RBN

Die Ungleichung von Aristarchos

$$0 < \beta < \alpha < \frac{\pi}{2} \Rightarrow \frac{\sin\alpha}{\sin\beta} < \frac{\alpha}{\beta} < \frac{\tan\alpha}{\tan\beta}$$

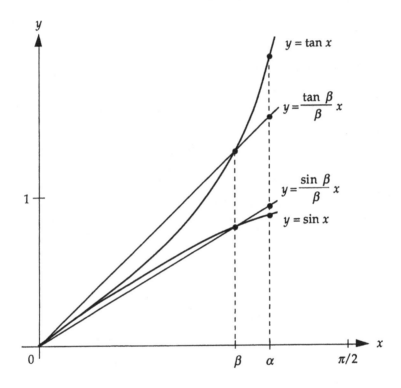

$$\sin\alpha < \frac{\sin\beta}{\beta}\alpha\,; \quad \frac{\tan\beta}{\beta}\alpha < \tan\alpha$$

$$\therefore \quad \frac{\sin\alpha}{\sin\beta} < \frac{\alpha}{\beta} < \frac{\tan\alpha}{\tan\beta}$$

– RBN

Der Mittelwert der Quadrate übertrifft das Quadrat der Mittelwerte

$$\frac{1}{n}\sum_{i=1}^{n}x_i^2 \geq \left(\frac{1}{n}\sum_{i=1}^{n}x_i\right)^2$$

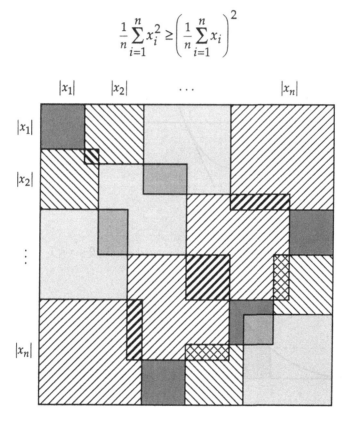

$$n\left(x_1^2 + x_2^2 + \cdots + x_n^2\right) \geq \left(|x_1| + |x_2| + \cdots + |x_n|\right)^2 \geq (x_1 + x_2 + \cdots + x_n)^2$$

$$\therefore \frac{x_1^2 + x_2^2 + \cdots + x_n^2}{n} \geq \left(\frac{x_1 + x_2 + \cdots + x_n}{n}\right)^2$$

– RBN

Die Bernoullische Ungleichung (zwei Beweise)

$$x > 0, x \neq 1, r > 1 \;\Rightarrow\; x^r - 1 > r(x - 1)$$

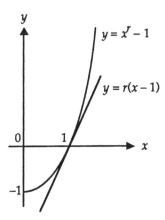

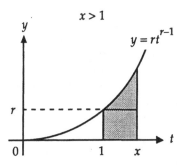

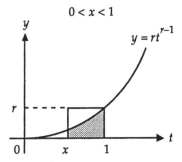

$$x^r - 1 = \int_1^x rt^{r-1}\,dt > r(x-1) \qquad\qquad 1 - x^r = \int_x^1 rt^{r-1}\,dt < r(1-x)$$

Während der obere Bildbeweis nur auf der Approximation durch die Tangente beruht, basiert der untere auf Integration.

– RBN

Die Ungleichung von Napier (zwei Beweise)

$$b > a > 0 \;\Rightarrow\; \frac{1}{b} < \frac{\ln b - \ln a}{b - a} < \frac{1}{a}$$

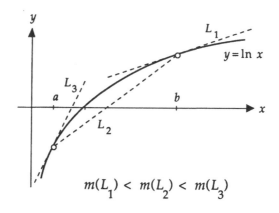

$$m(L_1) \;<\; m(L_2) \;<\; m(L_3)$$

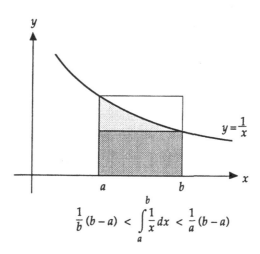

$$\frac{1}{b}\,(b - a) \;<\; \int_a^b \frac{1}{x}\,dx \;<\; \frac{1}{a}\,(b - a)$$

Der obere Bildbeweis basiert auf den unterschiedlichen Steigungen $m(L_j)$ der eingezeichneten Hilfsgeraden L_j an den konkaven Funktionsgraphen des Logarithmus, während der untere wiederum Integration benutzt.

– RBN

$A^B > B^A$ für $e \leq A < B$

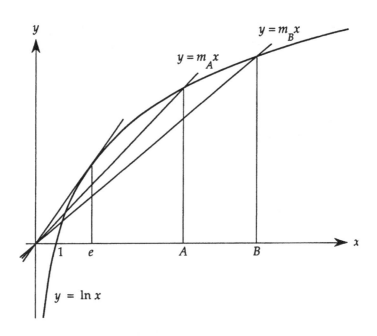

$$e \leq A < B \ \Rightarrow \ m_A > m_B$$

$$\Rightarrow \frac{\ln A}{A} > \frac{\ln B}{B}$$

$$\Rightarrow A^B > B^A$$

– Charles D. Gallant

Die Tschebyscheffsche Ungleichung für positive monotone Folgen

$$\sum_{i=1}^{n} x_i \sum_{i=1}^{n} y_i \leq n \sum_{i=1}^{n} x_i y_i$$

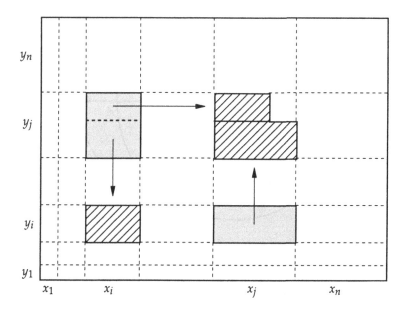

$$x_i < x_j \ \& \ y_i < y_j \Rightarrow x_i y_j + x_j y_i \leq x_i y_i + x_j y_j$$

$$\therefore \left(x_1 + x_2 + \cdots + x_n\right)\left(y_1 + y_2 + \cdots + y_n\right) \leq n\left(x_1 y_1 + x_2 y_2 + \cdots + x_n y_n\right)$$

– RBN

Die Ungleichung von Jordan

$$0 \le x \le \frac{\pi}{2} \Rightarrow \frac{2x}{\pi} \le \sin x \le x$$

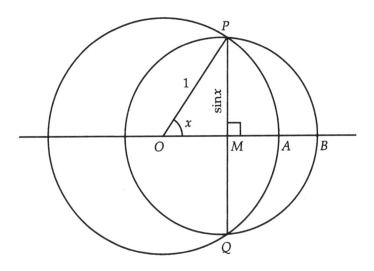

$$OB = OM + MP \ge OA \Rightarrow \overset{\frown}{PBQ} \ge \overset{\frown}{PAQ} \ge \overline{PQ}$$

$$\Rightarrow \pi \sin x \ge 2x \ge 2 \sin x$$

$$\Rightarrow \frac{2x}{\pi} \le \sin x \le x$$

– Feng Yuefeng

Die Ungleichung von Young

(W.H. Young, „On classes of summable functions and their Fourier series", *Proc. Royal Soc.* (A), 87 (1912), 225-229)

Satz: Es seien φ und ψ zwei stetige, im Nullpunkt verschwindende, streng monoton wachsende, zueinander inverse Funktionen. Dann gilt für $a, b \geq 0$ die Ungleichung

$$ab \leq \int_0^a \varphi(x)dx + \int_0^b \psi(x)dx;$$

Gleichheit besteht genau dann, wenn $b = \varphi(a)$.

Beweis:

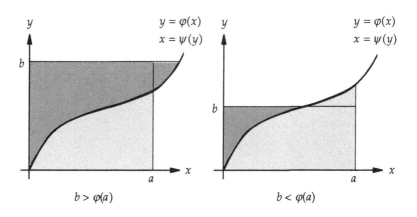

12   Längen, Flächen und Volumina

Ein Quadrat in einem Quadrat

Verbindet man die Ecken eines Quadrates geradlinig mit den Mittelpunkten der gegenüber liegenden Seiten (wie im nachstehenden Bild), so beträgt die Fläche des dadurch entstandenen inneren (grauen) Quadrates ein Fünftel der Fläche des Ausgangsquadrates.

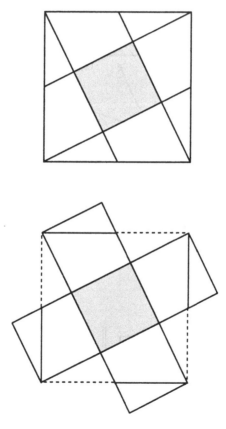

Eine 2×2 Determinante misst die Fläche eines Parallelogramms

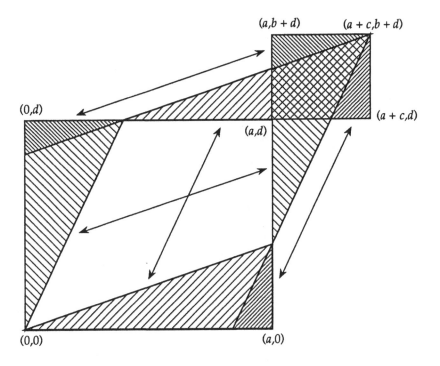

$$\begin{vmatrix} a & b \\ c & d \end{vmatrix} = ad - bc = \left\| \Box \right\| - \left\| \Box \right\| = \left\| \diagdown \right\|$$

– Solomon W. Golomb

Fläche und Umfang eines regelmäßigen Vielecks

Die Fläche eines in einen Kreis eingeschriebenen regelmäßigen $2n$-Ecks ist gleich der Hälfte des Kreisradius multipliziert mit dem Umfang eines einbeschriebenen regelmäßigen n-Ecks (für $n \geq 3$).

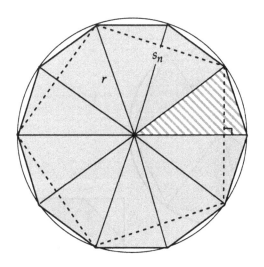

$$\frac{1}{2n}\,\text{area}(P_{2n}) = \frac{1}{2} \cdot r \cdot \frac{1}{2}s_n$$

$$\therefore \text{area}(P_{2n}) = \frac{r}{2}ns_n$$

$$= \frac{r}{2}\text{perimeter}(P_n)$$

Folgerung (Bhaskara, *Lilavati*, Indien, 12. Jhd.): *Die Fläche eines Kreises ist gleich der Hälfte seines Radius multipliziert mit seinem Umfang.*

Die Fläche eines Putnam-Achtecks

(Problem B1, 39. William Lowell Putnam-Mathematik-Wettbewerb 1978)

Man bestimme die Fläche eines konvexen Achtecks, das einem Kreis eingeschrieben ist und welches vier aufeinanderfolgende Seiten der Länge 3 und andere vier Seiten der Länge 2 besitzt. Die Antwort soll in der Form $r + s\sqrt{t}$ gegeben werden, wobei r, s und t natürliche Zahlen seien.

Lösung:

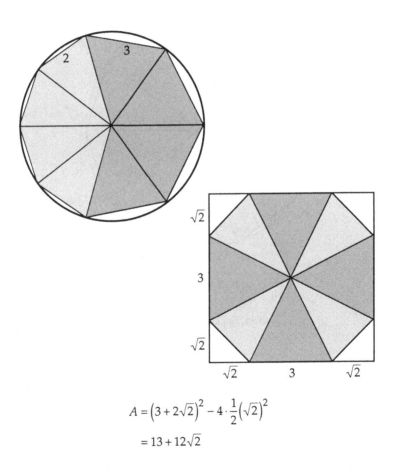

$$A = \left(3 + 2\sqrt{2}\right)^2 - 4 \cdot \frac{1}{2}\left(\sqrt{2}\right)^2$$

$$= 13 + 12\sqrt{2}$$

Die Fläche eines regelmäßigen Zwölfecks

Ein regelmäßiges Zwölfeck mit Umkreisradius 1 hat Fläche 3.

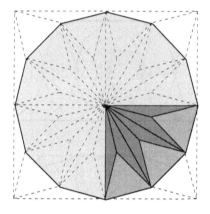

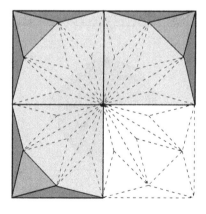

– J. Kürschák

Die Fläche unter einem polygonalen Bogen

Die Fläche unter einem polygonalen Bogen, erzeugt durch eine Ecke eines abrollenden regelmäßigen n-Ecks entlang einer Geraden, ist das Dreifache der Fläche des Polygons.

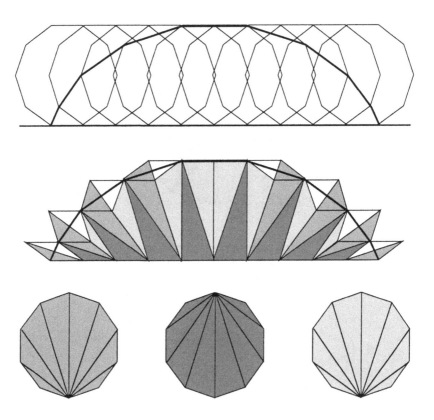

Folgerung: *Die Fläche unter dem Bogen einer Zykloide ist das Dreifache der Fläche des erzeugenden Kreises.*

– Philip R. Mallinson

Die Länge eines polygonalen Bogens

Die Länge eines polygonalen Bogens, erzeugt durch eine Ecke eines abrollenden regelmäßigen n-Ecks entlang einer Geraden, ist das Vierfache der Summe der Länge des Umkreisradius des n-Ecks und der Länge des Inkreisradius. Die nachstehenden Bildbeweise behandeln die Fälle, wenn n gerade bzw. ungerade ist:

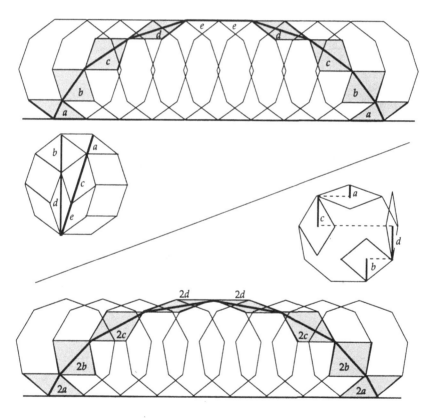

Folgerung: *Die Bogenlänge eines Bogens einer Zykloide ist das Achtfache des Radius des erzeugenden Kreises.*

– Philip R. Mallinson

Ein rollender Kreis quadriert sich selbst

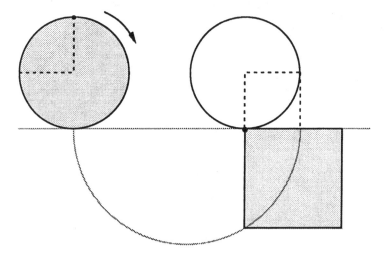

– Thomas Elsner

Das Volumen eines quadratischen Pyramidenstumpfes

(Problem 14, *Moskau Papyrus 4676*, circa 1850 v.u.Z.)

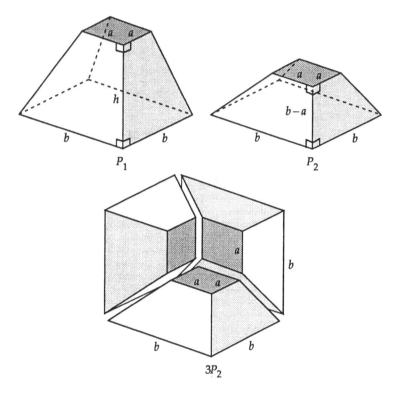

$$V(P_1) = \frac{h}{b-a} V(P_2) = \frac{h}{b-a} \cdot \frac{1}{3} (b^3 - a^3) = \frac{h}{3} (a^2 + ab + b^2)$$

1. C. B. Boyer, *A History of Mathematics*, John Wiley & Sons, New York, 1968, pp. 20-22.
2. R. J. Gillings, *Mathematics in the Time of the Pharaohs*, The MIT Press, Cambridge, 1972, pp. 187-193.

– RBN

Das Volumen einer Halbkugel mittels des Cavalierischen Prinzips

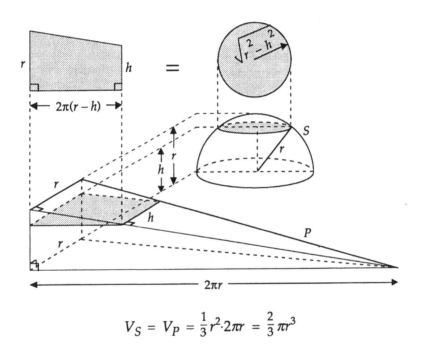

$$V_S = V_P = \frac{1}{3}r^2 \cdot 2\pi r = \frac{2}{3}\pi r^3$$

Zu Geng, Sohn des bekannten Mathematikers Zu Chongzhi im alten China, war (vielleicht) der Erste, der dieses Prinzip im fünften Jahrhundert entwickelte.

– Sidney H. Kung

Das Integral über eine Summe reziproker Potenzen

$$\int_0^1\left(t^{p/q}+t^{q/p}\right)dt=1$$

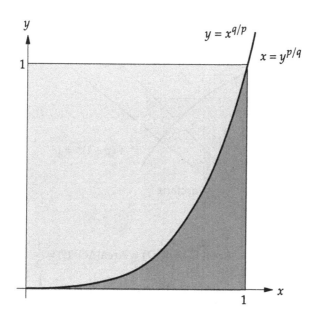

$y = x^{q/p}$

$x = y^{p/q}$

– Peter R. Newbury

Die Integraldarstellung des Arcustangens

$$\arctan x = \int_0^x \frac{1}{1+t^2}\,dt$$

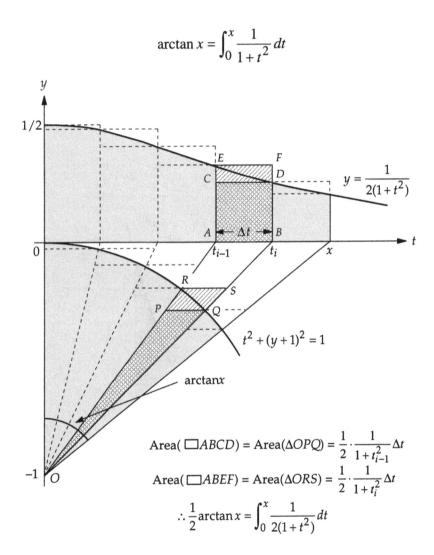

$$\text{Area}(\square ABCD) = \text{Area}(\Delta OPQ) = \frac{1}{2}\cdot\frac{1}{1+t_{i-1}^2}\,\Delta t$$

$$\text{Area}(\square ABEF) = \text{Area}(\Delta ORS) = \frac{1}{2}\cdot\frac{1}{1+t_i^2}\,\Delta t$$

$$\therefore \frac{1}{2}\arctan x = \int_0^x \frac{1}{2(1+t^2)}\,dt$$

– Aage Bondesen

Die Trapezregel (für wachsende Funktionen)

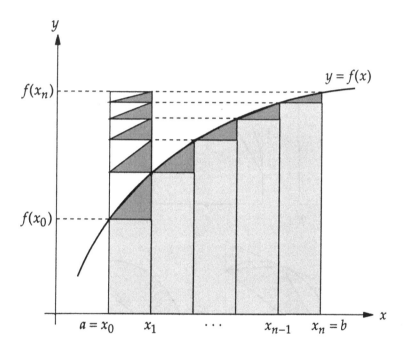

$$\int_a^b f(x)\,dx = \sum_{i=0}^{n-1} f(x_i)\frac{b-a}{n} + \frac{1}{2}\bigl[f(x_n) - f(x_0)\bigr]\frac{b-a}{n}$$

– Jesús Urías

Die Mittelpunktregel ist besser als die Trapezregel für konkave Funktionen

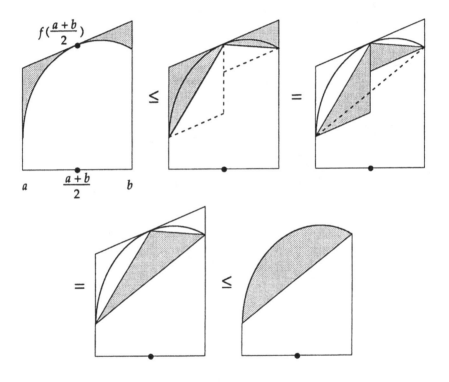

– Frank Burk

Partielle Integration

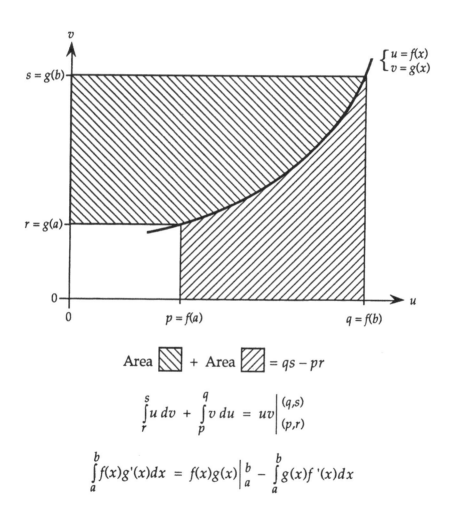

$$\text{Area } \boxed{\diagdown} + \text{Area } \boxed{\diagup} = qs - pr$$

$$\int_r^s u\,dv + \int_p^q v\,du = uv\Big|_{(p,r)}^{(q,s)}$$

$$\int_a^b f(x)g'(x)dx = f(x)g(x)\Big|_a^b - \int_a^b g(x)f'(x)dx$$

– Richard Courant

Die Fläche unter dem Bogen einer Zykloide

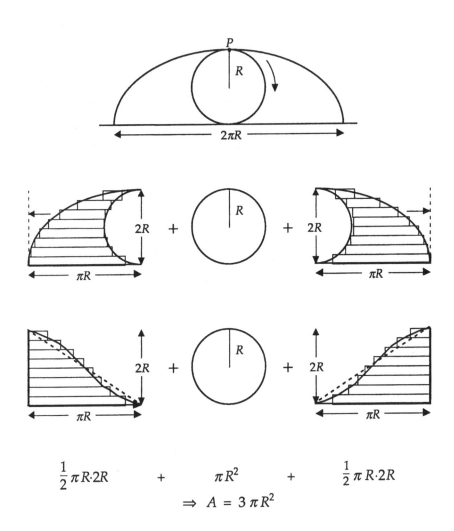

$$\frac{1}{2}\,\pi\,R\cdot 2R \qquad + \qquad \pi R^2 \qquad + \qquad \frac{1}{2}\,\pi\,R\cdot 2R$$

$$\Rightarrow \; A = 3\,\pi\,R^2$$

– Richard M. Beekman

13 Grenzwerte, unendliche Reihen und Funktionen

$$\frac{1}{1 \cdot 2} + \frac{1}{2 \cdot 3} + \cdots + \frac{1}{n(n+1)} = \frac{n}{n+1}$$

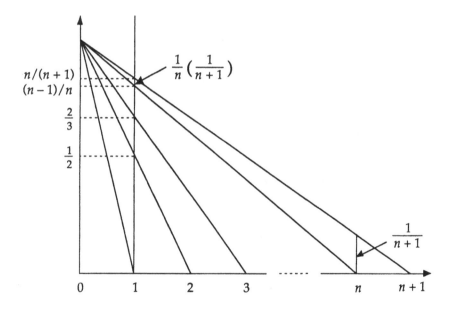

– Roman W. Wong

Über eine Eigenschaft der Folge der ungeraden Zahlen (Galileo Galilei, 1615)

$$\frac{1}{3} = \frac{1+3}{5+7} = \frac{1+3+5}{7+9+11} = \cdots .$$

$$\frac{1 + 3 + \ldots + (2n-1)}{(2n+1) + (2n+3) + \ldots + (4n-1)} = \frac{1}{3}$$

Referenz: S. Drake, *Galileo Studies*, The University of Michigan Press, Ann Arbor, 1970, S. 218-219.

– RBN

Galileo Galileis Brüche

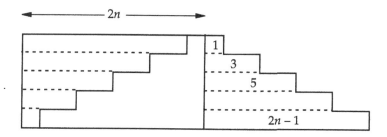

$$\frac{1}{3} = \frac{1+3}{5+7} = \frac{1+3+5}{7+9+11} = \cdots = \frac{1+3+5+\cdots+(2n-1)}{(2n+1)+(2n+3)+\cdots+(2n+2n-1)}$$

– Alfinio Flores

Ein bekannter Grenzwert für e

$$\lim_{n\to\infty}\left(1+\frac{1}{n}\right)^{n} = e$$

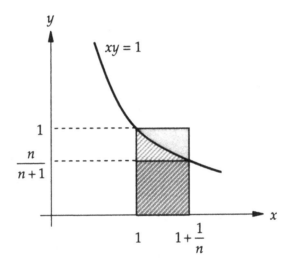

$$\frac{1}{n}\cdot\frac{n}{n+1} \le \ln\left(1+\frac{1}{n}\right) \le \frac{1}{n}\cdot 1$$

$$\frac{n}{n+1} \le n\cdot\ln\left(1+\frac{1}{n}\right) \le 1$$

$$\therefore \lim_{n\to\infty}\ln\left(1+\frac{1}{n}\right)^{n} = 1$$

Geometrische Berechnung eines Grenzwertes

$$\sqrt{2+\sqrt{2+\sqrt{2+\sqrt{\cdots}}}} = 2$$

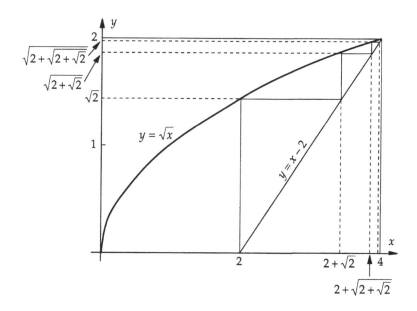

– Guanshen Ren

Eine geometrische Reihe

$$\frac{1}{4}+\left(\frac{1}{4}\right)^2+\left(\frac{1}{4}\right)^3+\cdots=\frac{1}{3}$$

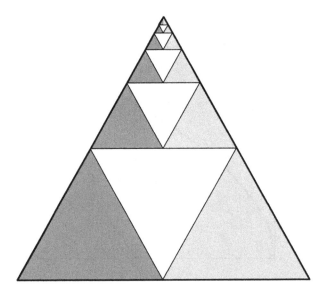

– Rick Mabry

Geometrische Reihe I

$$\sum_{n=0}^{\infty} ar^n = \frac{a}{1-r}$$

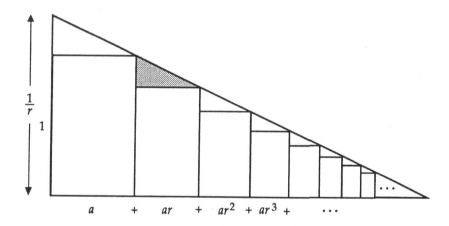

$$\frac{a + ar + ar^2 + ar^3 + \cdots}{1/r} = \frac{ar}{1-r}$$

– J.H. Webb

Geometrische Reihe III

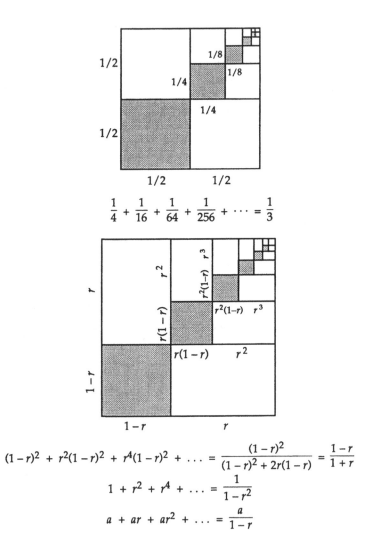

$$\frac{1}{4} + \frac{1}{16} + \frac{1}{64} + \frac{1}{256} + \cdots = \frac{1}{3}$$

$$(1-r)^2 + r^2(1-r)^2 + r^4(1-r)^2 + \ldots = \frac{(1-r)^2}{(1-r)^2 + 2r(1-r)} = \frac{1-r}{1+r}$$

$$1 + r^2 + r^4 + \ldots = \frac{1}{1-r^2}$$

$$a + ar + ar^2 + \ldots = \frac{a}{1-r}$$

– Sunday A. Ajose

Geometrische Reihe IV

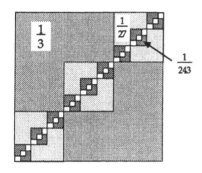

$$2\left(\frac{1}{3} + 3\cdot\frac{1}{27} + 9\cdot\frac{1}{243} + \cdots\right) = 1$$

$$2\sum_{n=1}^{\infty}\frac{1}{3^n} = 1$$

$$\sum_{n=1}^{\infty}\frac{1}{3^n} = \frac{1}{2}$$

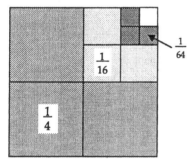

$$3\sum_{n=1}^{\infty}\frac{1}{4^n} = 1$$

$$\sum_{n=1}^{\infty}\frac{1}{4^n} = \frac{1}{3}$$

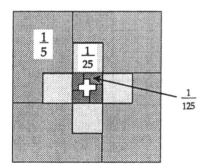

$$4\sum_{n=1}^{\infty}\frac{1}{5^n} = 1$$

$$\sum_{n=1}^{\infty}\frac{1}{5^n} = \frac{1}{4}$$

– Elisabeth M. Markham

Geometrische Summen

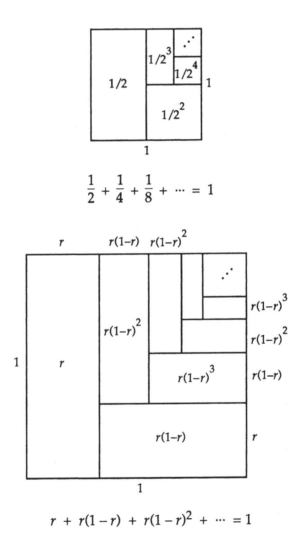

$$\frac{1}{2} + \frac{1}{4} + \frac{1}{8} + \cdots = 1$$

$$r + r(1-r) + r(1-r)^2 + \cdots = 1$$

– Warren Page

Eine verallgemeinerte geometrische Reihe

Es sei $k_1, k_2, \ldots$ eine Folge ganzer Zahlen größer oder gleich 2. Dann gilt:

$$\frac{k_1 - 1}{k_1} + \frac{k_2 - 1}{k_2 k_1} + \frac{k_3 - 1}{k_3 k_2 k_1} + \cdots = 1.$$

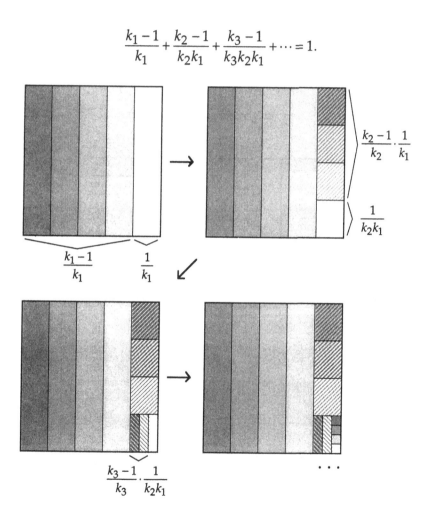

$$\frac{k_2 - 1}{k_2} \cdot \frac{1}{k_1}$$

$$\frac{1}{k_2 k_1}$$

$$\frac{k_1 - 1}{k_1} \qquad \frac{1}{k_1}$$

$$\frac{k_3 - 1}{k_3} \cdot \frac{1}{k_2 k_1}$$

$\cdots$

– John Mason

Die differenzierte geometrische Reihe

$$1 + 2\left(\tfrac{1}{2}\right) + 3\left(\tfrac{1}{4}\right) + 4\left(\tfrac{1}{8}\right) + \cdots = 4$$

$$1 + 2r + 3r^2 + 4r^3 + \ldots = \left(\frac{1}{1-r}\right)^2, \ 0 \le r < 1$$

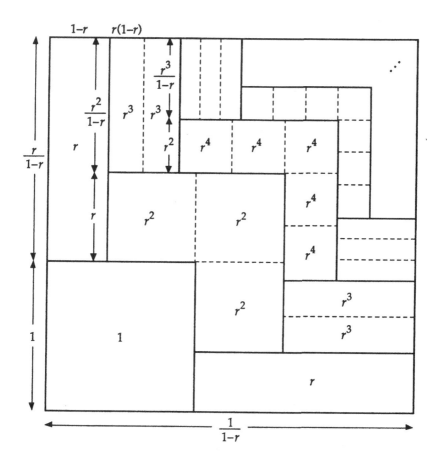

Die alternierende harmonische Reihe

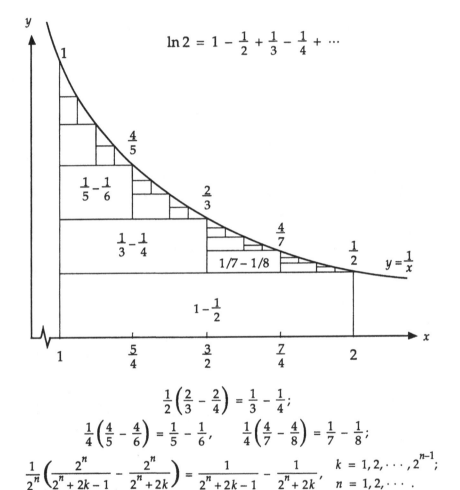

$$\ln 2 = 1 - \frac{1}{2} + \frac{1}{3} - \frac{1}{4} + \cdots$$

$$\frac{1}{2}\left(\frac{2}{3} - \frac{2}{4}\right) = \frac{1}{3} - \frac{1}{4};$$

$$\frac{1}{4}\left(\frac{4}{5} - \frac{4}{6}\right) = \frac{1}{5} - \frac{1}{6}, \qquad \frac{1}{4}\left(\frac{4}{7} - \frac{4}{8}\right) = \frac{1}{7} - \frac{1}{8};$$

$$\frac{1}{2^n}\left(\frac{2^n}{2^n + 2k - 1} - \frac{2^n}{2^n + 2k}\right) = \frac{1}{2^n + 2k - 1} - \frac{1}{2^n + 2k}, \quad \begin{array}{l} k = 1, 2, \cdots, 2^{n-1}; \\ n = 1, 2, \cdots . \end{array}$$

$$\ln 2 = \int_1^2 \frac{dx}{x} = \left(1 - \frac{1}{2}\right) + \left(\frac{1}{3} - \frac{1}{4}\right) + \cdots = 1 - \frac{1}{2} + \frac{1}{3} - \frac{1}{4} + \cdots .$$

– Mark Finkelstein

Eine alternierende Reihe

$$\frac{1}{2} - \frac{1}{4} + \frac{1}{8} - \frac{1}{16} + \frac{1}{32} - \frac{1}{64} + \cdots = \frac{1}{3}$$

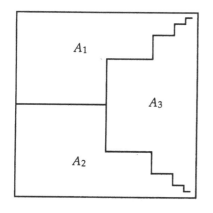 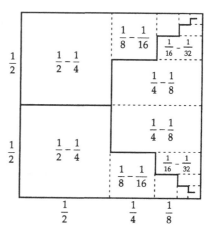

$$A_1 = \frac{1}{2} - \frac{1}{4} + \frac{1}{8} - \frac{1}{16} + \frac{1}{32} - \frac{1}{64} + \cdots,$$

$$A_1 = A_2 = A_3,$$

$$A_1 + A_2 + A_3 = 1,$$

$$\therefore A_1 = \frac{1}{3}.$$

– James O. Chilaka

Summen harmonischer Summen

$$H_k = 1 + \frac{1}{2} + \frac{1}{3} + \cdots + \frac{1}{k} \Rightarrow \sum_{k=1}^{n-1} H_k = nH_n - n$$

$$\sum_{k=1}^{n-1} H_k + n = nH_n$$

Die Reihe über die Reziproken der Dreieckzahlen

$$\frac{1}{1} + \frac{1}{3} + \frac{1}{6} + \cdots + \frac{1}{\binom{n+1}{2}} + \cdots = 2$$

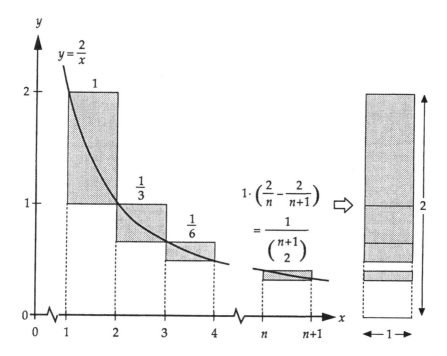

– RBN

Eine Identität für den Arcustangens und eine verwandte Reihe

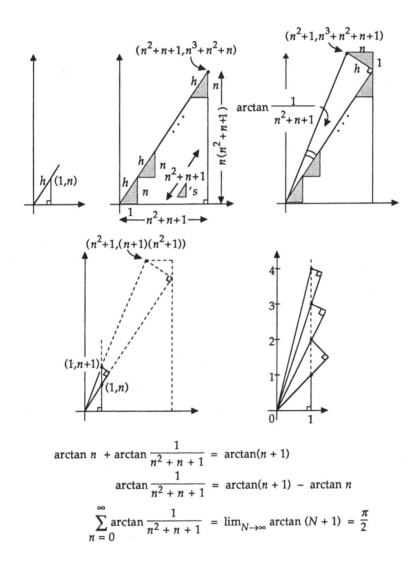

$$\arctan n + \arctan \frac{1}{n^2 + n + 1} = \arctan(n + 1)$$

$$\arctan \frac{1}{n^2 + n + 1} = \arctan(n + 1) - \arctan n$$

$$\sum_{n=0}^{\infty} \arctan \frac{1}{n^2 + n + 1} = \lim_{N \to \infty} \arctan (N + 1) = \frac{\pi}{2}$$

– RBN

Die Graphen von f und f^{-1} sind Spiegelungen an der Geraden $y = x$

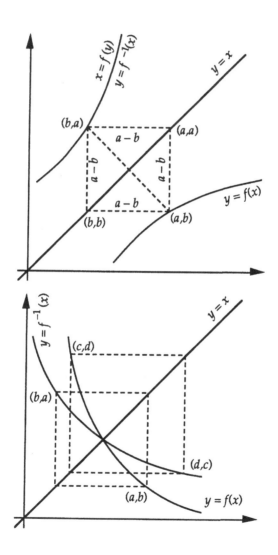

– Ayoub B. Ayoub

Der Logarithmus eines Produktes

$$\ln ab = \ln a + \ln b$$

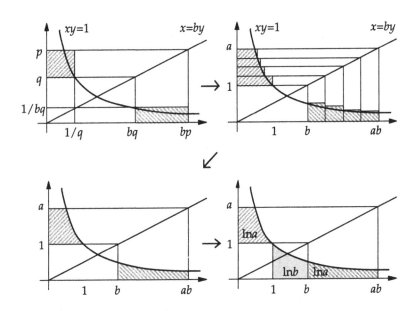

$$\text{Area}(\boxed{}) = \text{Area}(\boxed{})$$

– Jeffrey Ely

Quellen

Nachstehend sind die Literaturverweise für die Beweise ohne Bilder in diesem Buch entsprechend ihrer Seitenzahl geordnet.

1. Der Satz des Pythagoras und seine Verwandten

11 Howard Eves, *Great Moments in Mathematics (Before 1650)*, The Mathematical Association of America, Washington, 1980, S. 27-28; PWW, S. 3

12 Howard Eves, *Great Moments in Mathematics (Before 1650)*, The Mathematical Association of America, Washington, 1980, S. 31,33; PWW, S. 5

13 Howard Eves, *Great Moments in Mathematics (Before 1650)*, The Mathematical Association of America, Washington, 1980, S. 34-36; PWW, S. 7

14 http://tug.org/applications/PSTricks/Tilings; PWW II, S. 3

15 Howard Eves, *Great Moments in Mathematics (Before 1650)*, The Mathematical Association of America, Washington, 1980, S. 29-31; PWW II, S. 5

16 *Mathematics Magazine*, vol. 71, no. 1 (Feb. 1998), S. 64; PWW II, S. 9

17 *College Mathematics Journal*, vol. 20, no. 1 (Jan. 1989), S. 58; PWW, S. 9

18 http://www.cms.math.ca/CMS/Competitions/OMC/examt/english69.html; PWW II, S. 12

19 *Mathematics Magazine*, vol. 66, no. 1 (Feb. 1993), S. 13; PWW, S. 17

20 *Amer. Mathematical Monthly*, vol. 93, no. 7 (Aug.-Sept. 1986), S. 572; PWW II, S. 18

21 *Mathematics Magazine*, vol. 72, no. 2 (April 1999), S. 142; PWW II, S. 16

22 PWW II, S. 15

23 *The Mathematics Teacher*, vol. 85, no. 2 (Feb. 1992), Titelseite; vol 86, no. 3 (March 1993), S. 192; PWW II, S. 17

2. Kreise und weitere geometrische Figuren

27 *Mathematics Magazine*, vol. 70, no. 5 (Dec. 1997), S. 380; vol 71, no. 3 (June 1998), S. 224; PWW II, S. 10

28 *Mathematics Magazine*, vol. 71, no. 3 (June 1998), S. 196; Ross Honsberger, *Mathematical Morsels*, The Mathematical Association of America, Washington, 1978, S. 27-28; PWW II, S. 13

29 *Mathematics Magazine*, vol. 72, no. 4 (Oct. 1999), S. 317; PWW II, S. 14

30 *Mathematics Magazine*, vol. 67, no. 5 (Dec. 1994), S. 354; PWW, S. 13

31 *College Mathematics Journal*, vol. 25, no. 3 (May 1994), S. 211; PWW II, S. 28

32 *Mathematics Magazine*, vol. 64, no. 3 (June 1991), S. 175; PWW, S. 44

33 *College Mathematics Journal*, vol. 30, no. 3 (May 1999), S. 212; PWW II, S. 67

34 *College Mathematics Journal*, vol. 17, no. 4 (Sept. 1986), S. 338; PWW, S. 14

3. Aus der Trigonometrie

37 *Mathematics Magazine*, vol. 64, no. 2 (April 1991), S. 97; PWW, S. 29

38 PWW II, S. 40

39 *Mathematics Magazine*, vol. 62, no. 5 (Dec. 1989), S. 317; PWW, S. 30

40 *Mathematics Magazine*, vol. 61, no. 2 (April 1988), S. 113; PWW, S. 31

41 *Mathematics Magazine*, vol. 63, no. 5 (Dec. 1990), S. 342; PWW, S. 32

42 *College Mathematics Journal*, vol. 18, no. 2 (March 1987), S. 141; PWW, S. 39

43 *College Mathematics Journal*, vol. 27, no. 2 (March 1996), S. 108; PWW II, S. 55

44,45 *College Mathematics Journal*, vol. 30, no. 5 (Nov. 1999), S. 433; vol 31, no. 2 (March 2000), S. 145-146; PWW II, S. 46-47

46 *Mathematics Magazine*, vol. 71, no. 5 (Dec. 1998), S. 385; PWW II, S. 48

50 *Mathematics Magazine*, vol. 69, no. 4 (Oct. 1996), S. 278; PWW II, S. 52

51 http://www.maa.org/pubs/mm_supplements/smiley/trigproofs.html; PWW II, S. 42

52 *Amer. Mathematical Monthly*, vol. 49, no. 5 (May 1942), S. 325; PWW, S. 35

53 *College Mathematics Journal*, vol. 30, no. 3 (May 1999), S. 212; PWW II, S. 44

54 *Mathematics Magazine*, vol. 71, no. 3 (June 1998), S. 207; PWW II, S. 56

4. Parkettierungen und Zerlegungen

55 *Mathematics Magazine*, vol. 60, no. 5 (Dec. 1987), S. 327; PWW, S. 107

56 *Amer. Mathematical Monthly*, vol. 61, no. 10 (Dec. 1954), S. 675-682; PWW II, S. 123

57 *Amer. Mathematical Monthly*, vol. 96, no. 5 (May 1989), S. 429-430; PWW, S. 142

58 *College Mathematics Journal*, vol. 28, no. 3 (May 1997), S. 171; PWW II, S. 19

59 PWW II, S. 21

60 *Mathematics Magazine*, vol. 67, no. 4 (Oct. 1994), S. 267; PWW II, S. 27

61 *Mathematics Magazine*, vol. 61, no. 2 (April 1988), S. 98; PWW, S. 137

5. Ein wenig lineare Algebra

65 *College Mathematics Journal*, vol. 26, no. 3 (May 1995), S. 250; PWW II, S. 117

66 *Mathematics Magazine*, vol. 70, no. 2 (April 1997), S. 36; PWW II, S. 118

67 *College Mathematics Journal*, vol. 28, no. 2 (March 1997), S. 118; PWW II, S. 119

6. Quadrate, pythagoräische Tripel und perfekte Zahlen

73 *Mathematics Magazine*, vol. 56, no. 2 (March 1983), S. 110; PWW, S. 19

74 *Mathematics Magazine*, vol. 57, no. 4 (Sept. 1984), S. 231; PWW, S. 20

75 *Mathematics Magazine*, vol. 64, no. 2 (April 1991), S. 138; PWW, S. 21

76 M. Bicknell & V.E. Hoggatt Jr. (eds.), *A Primer for the Fibonacci Numbers*, The Fibonacci Association, San Jose, 1972, S. 152-156; PWW II, S. 107

77 *Mathematics Magazine*, vol. 62, no. 4 (Oct. 1989), S. 267; PWW, S. 38

78 *Mathematics Magazine*, vol. 67, no. 3 (June 1994), S. 187; PWW, S. 141

79 *Mathematics Magazine*, vol. 66, no. 3 (June 1993), S. 180; PWW, S. 22

80 *College Mathematics Journal*, vol. 26, no. 2 (March 1995), S. 131; PWW II, S. 34

81 PWW II, S. 121

82 *Mathematics and Computer Education*, vol. 31, no. 2 (Spring 1997), S. 190; PWW II, S. 108

7. Einfache Summen natürlicher Zahlen

85 *Scientific American*, vol. 229, no. 4 (Oct. 1973), S. 114; PWW, S. 69

86 *Historical Topics for the Mathematics Classroom*, S. 54 (Autor: Bernard H. Gundlach); PWW, S. 71

87 PWW, S. 72

88 *Scientific American*, vol. 229, no. 4 (Oct. 1973), S. 115; PWW, S. 74

89 *Mathematics Magazine*, vol. 66, no. 3 (June 1993), S. 166; PWW, S. 75

90 *Mathematics Magazine*, vol. 63, no. 4 (Oct. 1990), S. 225; PWW, S. 108

91 *Mathematics Magazine*, vol. 70, no. 4 (Oct. 1997), S. 294; PWW II, S. 84

8. Quadrate und Kuben

95 *Mathematics Magazine*, vol. 57, no. 2 (March 1984), S. 92; PWW, S. 77

96 *Scientific American*, vol. 229, no. 4 (Oct. 1973), S. 115; *College Mathematics Journal*, vol. 22, no. 2 (March 1991), S. 124; PWW, S. 78

97 *Mathematics Magazine*, vol. 70, no. 3 (June 1997), S. 212; PWW II, S. 86

98 *Student*, vol. 3, no. 1 (March 1999), S. 43; PWW II, S. 87

99 *College Mathematics Journal*, vol. 25, no. 3 (May 1994), S. 246; PWW II, S. 90

100 *Mathematics Magazine*, vol. 73, no. 3 (June 2000), S. 238; PWW II, S. 91

101 *Mathematics Magazine*, vol. 60, no. 5 (Dec. 1987), S. 291; *Mathematics Magazine*, vol. 65, no. 2 (April 1992), S. 90; PWW, S. 82

102 M. Bicknell & V.E. Hoggatt Jr. (eds.), *A Primer for the Fibonacci Numbers*, The Fibonacci Association, San Jose, 1972, S. 147; PWW, S. 83

103 *Mathematical Gazette*, vol. 49, no. 368 (May 1965), S. 1990; PWW, S. 84

104 *Mathematics Magazine*, vol. 63, no. 3 (June 1990), S. 178; PWW, S. 88

105 *College Mathematics Journal*, vol. 29, no. 1 (Jan. 1998), S. 61; PWW II, S. 93

106 *Mathematics Magazine*, vol. 71, no. 1 (Feb. 1998), S. 65; PWW II, S. 94

9. Noch mehr figurierte Zahlen

109 *College Mathematics Journal*, vol. 27, no. 2 (March 1996), S. 118; PWW II, S. 95

110 PWW, S. 91

111 PWW, S. 95

112 *Mathematics Magazine*, vol. 70, no. 1 (Feb. 1997), S. 46; PWW II, S. 97

113 *Mathematics Magazine*, vol. 68, no. 4 (Oct. 1995), S. 284; PWW II, S. 98

114 *Mathematics Magazine*, vol. 70, no. 2 (April 1997), S. 130; PWW II, S. 99

115 PWW II, S. 100

116 Richard K. Guy, privat kommuniziert; PWW, S. 104

117 *College Mathematics Journal*, vol. 28, no. 3 (May 1997), S. 197; PWW II, S. 101

118 *Mathematics Magazine*, vol. 73, no. 1 (Feb. 2000), S. 59; PWW II, S. 92

119 PWW II, S. 103

120 Richard K. Guy, privat kommuniziert; PWW, S. 106

121 *Amer. Mathematical Monthly*, vol. 95, no. 8 (Oct. 1988), S. 701, 709; PWW, S. 109

122 *Mathematics and Computer Education*, vol. 33, no. 1 (Winter 1999), S. 62; PWW II, S. 104

123 *Mathematics Magazine*, vol. 64, no. 2 (April 1991), S. 114; PWW, S. 23

124 *Mathematics Magazine*, vol. 62, no. 2 (April 1989), S. 96; PWW, S. 98

10. Weitere kombinatorische Kostbarkeiten

127 *Mathematics Magazine*, vol. 52, no. 4 (Sept. 1979), S. 206; PWW, S. 138

128 *Mathematics Magazine*, vol. 63, no. 1 (Feb. 1990), S. 29; PWW, S. 139

129 *Mathematics Magazine*, vol. 73, no. 1 (Feb. 2000), S. 12; PWW II, S. 122

11. Ungleiches

135 *Mathematics Magazine*, vol. 50, no. 2 (March 1977), S. 98; PWW, S. 49

136 *Mathematics Magazine*, vol. 59, no. 1 (Feb. 1986), S. 11; PWW, S. 50

137 *College Mathematics Journal*, vol. 20, no. 3 (May 1989), S. 231; PWW, S. 55

138 *Mathematics and Computer Education*, vol. 31, no. 2 (Spring 1997), S. 191; PWW II, S. 71

139 *College Mathematics Journal*, vol. 25, no. 2 (March 1994), S. 98; PWW II, S. 73

140 *Mathematics Magazine*, vol. 73, no. 2 (April 2000), S. 97; PWW II, S. 74

141 *Amer. Mathematical Monthly*, vol. 88, no. 3 (March 1981), S. 192; PWW II, S. 75

142 *Mathematics Magazine*, vol. 68, no. 4 (Oct. 1995), S. 305; PWW II, S. 76

143 *Mathematics Magazine*, vol. 63, no. 3 (June 1990), S. 172; PWW, S. 60

144 *Mathematics Teacher*, vol. 81, no.1 (Jan. 1988), S. 63; PWW, S. 61

145 *Mathematics Magazine*, vol. 67, no. 5 (Dec. 1994), S. 374; PWW, S. 62

146 *Mathematics Magazine*, vol. 66, no. 1 (Feb. 1993), S. 65; PWW, S. 63

147 *College Mathematics Journal*, vol. 26, no. 5 (Nov. 1995), S. 367; vol. 27, no. 2 (March 1996), S. 148; PWW II, S. 77

148 PWW, S. 65

149 *College Mathematics Journal*, vol. 24, no. 2 (March 1993), S. 165; PWW, S. 66

150 *Mathematics Magazine*, vol. 64, no. 1 (Feb. 1991), S. 31; PWW, S. 59

151 *College Mathematics Journal*, vol. 25, no. 3 (May 1994), S. 192; PWW II, S. 78

152 *Mathematics Magazine*, vol. 69, no. 2 (April 1996), S. 126; PWW II, S. 79

153 *Mathematics Magazine*, vol. 37, no. 1 (Jan.-Feb. 1964), S. 2-12; PWW II, S. 80

12. Längen, Flächen und Volumina

157 Ross Honsberger, *Mathematical Morsels*, The Mathematical Association of America, Washington, 1978, S. 204-205; PWW II, S. 22

158 *Mathematics Magazine*, vol. 58, no. 2 (March 1985), S. 107; PWW, S. 133

159 PWW II, S. 23

160 *Amer. Mathematical Monthly*, vol. 86, no. 9 (Nov. 1979), S. 752, 755; PWW II, S. 24

161 Ross Honsberger, *Mathematical Gems III*, The Mathematical Association of America, Washington, 1985, S. 31; PWW II, S. 26

162 *Mathematics Magazine*, vol. 71, no. 2 (April 1998), S. 141; PWW II, S. 31

163 *Mathematics Magazine*, vol. 71, no. 5 (Dec. 1998), S. 377; PWW II, S. 32

164 *Mathematics Magazine*, vol. 50, no. 3 (May 1977), S. 162; PWW, S. 10

165 PWW, S. 24

166 *Mathematics Magazine*, vol. 67, no. 4 (Oct. 1994), S. 302; PWW, S. 25

167 http://www.iam.ubc.ca/~newbury/proofwowords/proofwowords.html; PWW II, S. 62

168 PWW II, S. 63

169 *Mathematics Magazine*, vol. 68, no. 3 (June 1995), S. 192; PWW II, S. 65

170 *College Mathematics Journal*, vol. 16, no. 1 (Jan. 1985), S. 56; PWW, S. 41

171 Richard Courant, *Differential and Integral Calculus*, S. 219; PWW, S. 42

172 *Mathematics Magazine*, vol. 66, no. 1 (Feb. 1993), S. 39; PWW, S. 45

13. Grenzwerte, Unendliche Reihen und Funktionen

175 *Mathematics Magazine*, vol. 65, no. 5 (Dec. 1992), S. 338; PWW, S. 126

176 PWW, S. 115

177 *College Mathematics Journal*, vol. 29, no. 4 (Sept. 1998), S. 300; PWW II, S. 115

178 PWW II, S. 57

179 *College Mathematics Journal*, vol. 28, no. 3 (May 1997), S. 186; PWW II, S. 59

180 *Mathematics Magazine*, vol. 72, no. 1 (Feb. 1999), S. 63; PWW II, S. 111

181 *Mathematics Magazine*, vol. 60, no. 3 (June 1987), S. 177; PWW, S. 119

182 *Mathematics Magazine*, vol. 67, no. 3 (June 1994), S. 230; PWW, S. 121

183 *Mathematics Magazine*, vol. 66, no. 4 (Oct. 1993), S. 242; PWW, S. 122

184 *Mathematics Magazine*, vol. 54, no. 4 (Sept. 1981), S. 201; PWW, S. 118

185 *College Mathematics Journal*, vol. 26, no. 5 (Nov. 1995), S. 381; PWW II, S. 113

186,187 *Mathematics Magazine*, vol. 62, no. 5 (Dec. 1989), S. 332-333; PWW, S. 124-125

188 *Amer. Mathematical Monthly*, vol. 94, no. 6 (June-July 1988), S. 541-542; PWW, S. 128

189 *Mathematics Magazine*, vol. 69, no. 5 (Dec. 1996), S. 355-356; PWW II, S. 112

190 PWW II, S. 116

191 *Mathematics Magazine*, vol. 64, no. 3 (June 1991), S. 167; PWW, S. 127

192 *Mathematics Magazine*, vol. 64, no. 4 (Oct. 1991), S. 241; PWW, S. 130

193 *College Mathematics Journal*, vol. 18, no. 1 (Jan. 1987), S. 52; PWW, S. 43

194 *College Mathematics Journal*, vol. 27, no. 4 (Sept. 1996), S. 304; PWW II, S. 61

Personenregister

Springer

Willkommen zu den Springer Alerts

Printed in the United States
By Bookmasters